装配式混凝土建筑施工技能培训丛书

丛书主编　王　俊

装配式混凝土建筑钢筋套筒灌浆连接

李检保　主　编
魏金龙　副主编

中国建筑工业出版社

图书在版编目（CIP）数据

装配式混凝土建筑钢筋套筒灌浆连接/李检保主编；
魏金龙副主编. —北京：中国建筑工业出版社，
2022.11
（装配式混凝土建筑施工技能培训丛书/王俊主编
）
ISBN 978-7-112-27599-1

Ⅰ.①装…　Ⅱ.①李…②魏…　Ⅲ.①装配式混凝土
结构-套筒结构-灌浆-检测-技术培训-教材　Ⅳ.
①TU755.6

中国版本图书馆 CIP 数据核字（2022）第 121104 号

本书以现行标准规范为依据，详细介绍了钢筋套筒灌浆施工人员应知应会内容。全书
共 11 章，包括：装配式混凝土结构连接形式，钢筋套筒灌浆连接基本原理，灌浆套筒，灌
浆料与封堵料，钢筋套筒灌浆连接接头，灌浆施工对构件制作与施工作业面要求，灌浆施
工工器具，连通腔灌浆施工工艺与操作步骤，钢筋套筒灌浆连接施工质量验收，灌浆施工
常见质量问题及防治措施以及灌浆施工从业人员要求。全书图文并茂，通俗易懂，内容丰
富，是一本关于钢筋套筒灌浆连接较为全面、系统规范的指导书。

本书适合装配式建筑施工从业人员培训学习使用，也可作为建筑施工相关专业教学参
考资料。

责任编辑：王砾瑶
责任校对：芦欣甜

装配式混凝土建筑施工技能培训丛书
丛书主编　王　俊
装配式混凝土建筑钢筋套筒灌浆连接
李检保　主　编
魏金龙　副主编
*
中国建筑工业出版社出版、发行（北京海淀三里河路 9 号）
各地新华书店、建筑书店经销
霸州市顺浩图文科技发展有限公司制版
天津安泰印刷有限公司印刷
*
开本：787 毫米×1092 毫米　1/16　印张：6¼　字数：151 千字
2022 年 11 月第一版　　2022 年 11 月第一次印刷
定价：**25.00** 元（含增值服务）
ISBN 978-7-112-27599-1
（39786）

作者简介

（排名不分先后）

李检保 男 副教授 同济大学房屋质量检测站 副站长

本书主编。上海市建筑工业化专家委员会委员，上海市装配式住宅咨询评审专家组专家。长期从事建筑物检测、鉴定及建筑工业化领域内的教学和科研工作。参编行业标准《钢筋连接用灌浆套筒》JG/T 398—2019，上海市工程建设规范《装配整体式混凝土居住建筑设计规程》DG/TJ 08—2071—2016、《建筑抗震设计规程》DGJ 08—9—2013、《装配整体式叠合剪力墙结构技术规程》DG/TJ 08—2266—2018；上海市建筑标准设计《装配整体式混凝土住宅构造节点图集》DBJT 08—116—2013、福建省工程建设地方标准《福建省钢筋套筒灌浆连接技术规程》DBJ/T 13—294—2018 等。

魏金龙 男 上海同旸新材料有限公司 总经理

本书副主编。上海工匠，高级工程师，致力于研究装配式建筑钢筋套筒灌浆连接技术，主持和参与多项装配式建筑科研项目，形成数项技术成果；参与多项重点装配式项目施工方案策划与现场指导。担任上海装配式建筑高技能人才培养基地实训教师与技能考评员。多次担任装配式建筑项目施工技能竞赛上海赛区裁判。荣获上海市第三届"装配式建筑先进个人"称号。

陈旭 男 上海兴邦建筑技术有限公司 工程技术总监

长期致力于装配式建筑设计及施工技术研究及指导宣传工作，曾负责上海地铁 9 号线蓝天路站出口、金山光明府、临港智造园、川沙 01-03 地块、沈阳万博材料中心、天津乐歌卸货平台等国内几十项装配式项目的施工或施工技术指导工作；陈旭为上海横沙装配式建筑培训基地常年聘用教师，负责装配式建筑安装灌浆等培训教学，参与编写了上海市装配式建筑职业技能培训系列教材《装配式混凝土建筑构件安装》《装配式混凝土结构灌浆连接》《装配式混凝土建筑防水》；陈旭为装配式建筑施工技能培训考评员，参与设计了部分教具及考核流程及标准，作为考核裁判多次参评了上海及长三角地区的装配式建筑技能大赛。

黄天磊 男 吉石以道 总经理 上海利物宝建筑科技有限公司 市场总监

广东省装配式建筑先进个人，上海市装配式建筑先进个人，中国技能大赛裁判员。为万科、保利、华发、融创、陆家嘴等近百个项目工地、构件厂进行专项施工方案编制和指导工作；参编《装配式混凝土建筑常见质量问题防治手册》。

丛书前言

近些年，在各级层面的政策措施积极推动下，装配式建筑呈现快速发展趋势。2020年全国装配式建筑新开工面积 6.3 亿 m²，其中装配式混凝土建筑达 4.3 亿 m²，占比约 68%。装配式混凝土建筑与传统现浇建筑相比，设计方法、建造方式、产业结构、技术标准等都有很大变化，并由此衍生一系列新兴岗位。构件安装、灌浆连接、防水打胶是装配式混凝土建筑特有的施工工种，对于一线作业人员的要求不仅是体力劳作，还需掌握一定的理论知识，手上更要有过硬的技术本领，这是保障装配式建筑质量与安全的必要条件。

建筑工人队伍从过去的农民工向高素质、高技能、专业性更强的产业工人转变，建设知识型、技能型、创新型劳动者大军，加快建筑产业工人队伍建设，加速施工一线人员技能水平提升的工作迫在眉睫。

在这样的背景下，近些年我花费较多精力投入到装配式建筑施工一线人员的技能培训工作中，积极推动组织行业培训和劳动技能竞赛。在业内同仁们的共同关心下，依托上海市建设协会的行业资源，以及上海兴邦和中交浚浦的大力支持，2017 年起参与上海装配式建筑高技能人才培养基地建设，开发了钢筋套筒灌浆连接、预制混凝土构件安装、装配式建筑接缝防水的三项专项职业能力培训课程，并邀请行业内有着丰富工作经验的专业人士担任理论讲师和实操教师。

这次组织十多位作者共同编写的是一套系列丛书，共包含三本：《装配式混凝土建筑预制构件安装》《装配式混凝土建筑钢筋套筒灌浆连接》《装配式混凝土建筑密封防水》。丛书的内容以反映施工实操为主，面向读者群体多为施工一线工作者，通过平白直叙的表述，再配以大量实景图片，让读者在阅读时容易理解其中含义。在邀约各册主编、副主编和编者时，要求既有丰富的理论知识，又有充足的从业经验。而这样的专业人士实属难得，他们均在企业中担任重要岗位，平时大都工作繁忙，但听闻要为行业贡献自己的所学所知和专业经验时，纷纷响应加盟，这让我很是感动！在推动装配式建筑发展的行业中，有这样一群热心奉献的志同道合者，何事不可成？丛书编写历经一年半，编者们利用业余时间，放下各种事务而专注写作，力求呈献至臻完美的作品。我和他们一起讨论策划、思想碰撞，一起熬夜改稿校审，在我的职业生涯中能有幸与他们相处共事，是我终生铭记和值得骄傲的经历。

构件安装分册的主编罗玲丽女士，有着二十多年建筑施工从业经历，经验非常丰富。在 2018 年和 2019 年上海装配式施工技能竞赛中，她分别担任套筒灌浆连接和构件安装项目的裁判，是建筑施工行业中为数不多的巾帼专家。

灌浆连接分册的主编李检保先生，是上海同济大学结构防灾减灾工程系结构工程专业副研究员，是上海最早从事装配式建筑技术研究者之一，参编了行业多部相关标准。他很早就关注和研究钢筋套筒灌浆连接的技术原理、材料性能等，还做了大量试验，积累了很多数据和宝贵经验。

密封防水分册的主编朱卫如先生，长期从事建筑防水工作，曾任北京东方雨虹防水技术股份有限公司的副总工程师，有着丰富的密封防水设计、材料及施工方面的经验。他经常出入防水工程施工一线，探究出现问题的原因和解决措施，积累了大量的一线素材。

三位主编们与其他诸位作者一起，将自己积累的经验融汇到本书中，自我苛求一遍一遍地不断修改和完善书稿，为行业提供了一份不可多得的宝贵参考资料。

本套丛书的出版也响应了国家提出大力培养建筑人才的目标，为装配式建筑施工行业加快培养和输送中高级技术工人，弘扬工匠精神，营造重视技能和尊重技能人才的良好氛围，逐步形成装配式施工技能人才培养的长效机制，推动建筑业转型升级和装配式建筑可持续地健康发展。

丛书主编　王　俊
2021 年 7 月

前　言

近年来，装配式建筑在我国得到了快速发展。相对于传统的现浇结构形式，装配式建筑有着独特的建造特点和难点。装配式建筑钢筋套筒灌浆连接施工技术是保证装配式建筑结构安全的重要技术，对施工人员要求较高。提高施工人员的技能水平、培养专业化程度高的产业工人是保障装配式建筑健康发展的有利措施。

钢筋套筒灌浆施工人员应了解装配式建筑钢筋套筒灌浆连接的基本原理，熟悉相关材料的基本性能及使用方法、常见施工质量问题及防治措施，理解现场施工中保障套筒灌浆密实的方法和措施。从业人员还需要通过学习实例与现场施工相结合，提高现场施工时解决问题的能力及应变能力。

本书在编写过程中，借鉴了大量装配式建筑设计、施工实践经验，在介绍钢筋套筒灌浆连接的基本原理基础上，重点阐述了灌浆施工材料选择、材料特性及灌浆操作等内容，并对从业人员的职业素养和健康安全等进行了阐述。本书以现行装配式建筑相关规范、规程、标准等为编制依据，配有大量实际施工照片，图文并茂、通俗易懂，适合装配式建筑施工从业人员培训学习之用，可以帮助作业人员和现场技术人员熟悉和掌握相关操作技能，成为专业知识丰富、实操能力强、施工规范的一流职业化从业人员。

本书为"装配式混凝土建筑施工技能培训丛书"的其中一册，在丛书主编王俊的指导下，编写组通过广泛调研、共同商讨、认真策划、仔细编写，历时一年有余，顺利出版。本书第1~3章主要由李检保编写，第4、5、8章主要由魏金龙编写，第6、10章主要由陈旭编写，第7、9、11章主要由黄天磊编写。在此，非常感谢丛书主编王俊及本书各位作者的辛勤付出和努力。本书编写难免存在不足之处，敬请同行技术人员批评指正！

诚挚鸣谢下列单位为本书提供的支持与帮助（排名不分先后）：

上海市建设协会住宅产业化与建筑工业化促进中心

同济大学

上海同旸新材料有限公司

上海兴邦建筑技术有限公司

上海砼邦建设工程有限公司

上海利物宝建筑科技有限公司

上海宝冶工程技术有限公司

本书主编　李检保

2021年10月

目　　录

第1章

装配式混凝土结构连接形式

1.1 预制混凝土构件类型

预制混凝土构件是指在工厂或现场预先制作并养护成型的混凝土构件，简称预制构件。根据其功能及形状不同可分为预制混凝土柱、预制混凝土梁、预制剪力墙、预制楼板、预制阳台、预制楼梯、预制凸窗、预制女儿墙、预制空调板等，装配式混凝土建筑中常用预制混凝土构件（图1-1）。

(a) 预制柱   (b) 预制叠合梁   (c) 预制剪力墙

(d) 预制叠合板   (e) 预制楼梯   (f) 预制凸窗

图1-1 常用预制混凝土构件示意图

若单个混凝土构件由预制及现浇两部分叠合而成，则称之混凝土叠合构件。典型的混凝土叠合构件有预制叠合梁、预制叠合墙板、预制叠合楼板，如单侧预制叠合剪力墙、双侧预制叠合剪力墙、预制叠合阳台等（图1-2）。

预制叠合墙板类构件的典型特征是分层叠合，其预制及现浇结合面常为粗糙面，同时布置有桁架钢筋或抗剪钢筋，目的是增强现浇及预制部分的连接效果和构件的整体性。桁架钢筋是混凝土预制叠合墙板类构件中的常用核心组件，根据其造型不同，又可分为波浪

1

型、爬梯型、斜叉型桁架钢筋等，常用形式为波浪型（图1-3）。

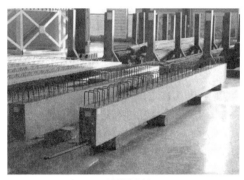

(a) 预制叠合梁

(b) 预制叠合板

(c) 双侧预制叠合剪力墙

(d) 单侧预制叠合剪力墙

图 1-2 典型的预制叠合混凝土构件

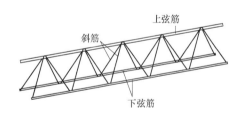

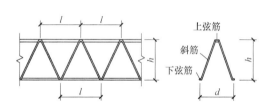

图 1-3 桁架钢筋图示

l—上、下弦节点距离；d—底部宽度；h—横断面高度

1.2 装配式混凝土结构类型

装配式混凝土结构是指由预制钢筋混凝土构件或部件通过各种可靠的连接方式装配而成的混凝土结构，简称装配式结构。根据受力特点及构件类型不同，装配式混凝土结构又分为混凝土排架结构、装配整体式混凝土框架结构、装配整体式混凝土剪力墙结构、装配整体式框架-现浇剪力墙结构、装配整体式框架-核心筒结构等（图1-4）。

装配式混凝土结构因结构体系不同，其构件的类型和特点各不相同，适用高度也不同（表1-1、表1-2）。

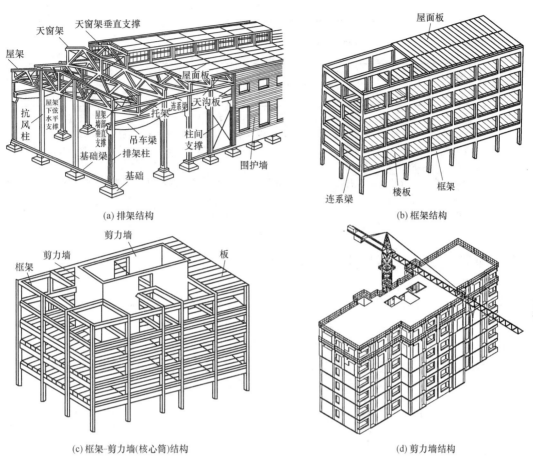

(a) 排架结构

(b) 框架结构

(c) 框架-剪力墙(核心筒)结构

(d) 剪力墙结构

图 1-4　装配式混凝土结构典型形式

装配式混凝土结构类型及特点　　　　　　　　　　　　　表 1-1

结构体系	主要预制构件类型	常见现浇部位	常用建筑类型
装配式排架结构	预制柱、预制梁、预制预应力屋架、大型预制屋面板、预制吊车梁、预制外挂墙板等	基础	工业厂房
装配整体式框架结构	预制柱、叠合梁、叠合楼板、预制楼梯、预制外挂墙板等	基础、底部加强区(底层)、节点、叠合梁板现浇层	公共建筑、低多层住宅
装配整体式框架-剪力墙结构	预制柱、叠合梁、叠合楼板、预制楼梯、预制外挂墙板等	基础、底部加强区、节点、叠合梁板现浇层、剪力墙	公共建筑、中高层住宅
装配整体式剪力墙结构	预制剪力墙、叠合梁、叠合楼板、预制楼梯、预制叠合阳台板、预制空调板等	基础、底部加强区、叠合梁板现浇层、节点、剪力墙边缘构件、水平现浇带或圈梁	住宅

装配式混凝土结构房屋最大适用高度（m）　　　　　　　　表 1-2

结构体系	非抗震设计	抗震设防烈度			
		6	7	8(0.2g)	8(0.3g)
装配整体式框架结构	70	60	50	40	30

续表

结构体系	非抗震设计	抗震设防烈度			
		6	7	8(0.2g)	8(0.3g)
装配整体式框架-剪力墙结构	150	130	120	100	80
装配整体式剪力墙结构	140(130)	130(120)	110(100)	90(80)	70(60)

注：1. 房屋高度指室外地面到主要屋面板板顶的高度（不考虑局部突出屋顶部分）。

2. 当结构中仅水平构件采用叠合梁、板，而竖向构件全部为现浇时，其最大适用高度同现浇结构。

3. 在规定水平力作用下，装配整体式框架-剪力墙中，当框架结构承受的地震倾覆力矩大于总倾覆力矩50%时，最大适用高度应适当降低。

4. 在规定水平力作用下，装配整体式剪力墙结构中，当预制剪力墙构件承担的底部剪力大于底部总剪力的50%时，最大适用高度应适当降低；当预制剪力墙构件承担的底部剪力大于底部总剪力的80%时，应取括号内的数值。

1.3 预制混凝土构件钢筋连接形式

在装配式混凝土结构中，相邻预制构件之间的节点或拼缝是结构关键部位，不仅决定装配式结构的安全和性能，而且影响整个结构的装配施工质量和效率。装配式混凝土结构的节点及拼缝应满足强度、刚度及延性要求，同时还应构造简单、方便施工。

装配式混凝结构中的节点类型主要有框架梁柱节点、主次梁节点、梁墙节点等，拼缝类型主要有墙-墙拼缝、墙-板拼缝、梁-板拼缝及板-板拼缝等（图1-5）。

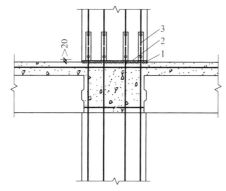

1—节点区顶面粗糙面；2—拼缝灌浆层；3—柱纵筋连接

(a) 典型预制柱-叠合梁节点

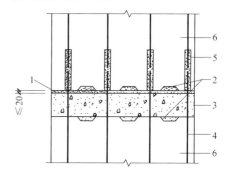

1—灌浆；2—键槽或粗糙面；3—现浇圈梁；
4—竖向钢筋；5—竖向钢筋连接；6—预制墙板

(b) 预制墙板水平接缝构造

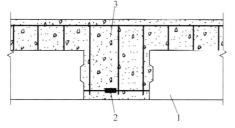

1—预制梁；2—钢筋连接；3—现浇段

(c) 梁拼接节点

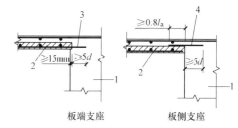

板端支座   板侧支座

1—梁或墙；2—预制板；3—纵向受力钢筋；
4—附加钢筋

(d) 预制叠合板板端及板侧接缝构造

图1-5 装配式混凝土结构常用典型节点及拼缝示意图（一）

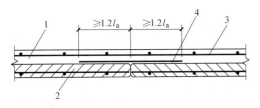
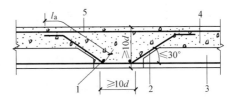

1—现浇层；2—预制板；3—现浇层内钢筋；4—接缝钢筋

1—构造筋；2—钢筋锚固；3—预制板；
4—现浇层；5—现浇层内钢筋

(e) 预制叠合板板侧分离式拼缝构造

(f) 预制叠合板整体式接缝构造

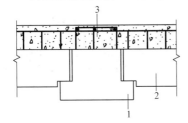
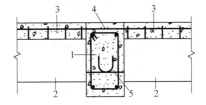

1—主梁挑耳；2—次梁；3—现浇层混凝土

1—主梁现浇段；2—次梁；3—现浇层混凝土；
4—次梁上部钢筋连续；5—次梁下部钢筋锚固

(g) 主次梁交接处企口-挑耳铰接节点

(h) 主次梁中间节点

图 1-5　装配式混凝土结构常用典型节点及拼缝示意图（二）

　　装配式混凝结构节点、拼缝连接构造主要包含预制构件之间的混凝土界面处理和受力钢筋连接方式。预制构件之间受力钢筋的连接方式主要有以下几种形式。

1. 现浇搭接

　　当在预制构件连接处设置现浇节点、现浇段或现浇带时，两侧预制构件安装就位后构件端部预留钢筋在现浇处交错搭接，浇筑混凝土并养护成型即完成预制构件连接（图 1-6）。这种连接方式的主要特点是施工操作简单，无需借助其他连接件。现浇搭接的缺点是受力钢筋基本在同一部位连接，钢筋数量多，要求构件设计及生产制作时预留钢筋位置定位准确，避免碰撞而导致安装困难，此外预制构件施工安装时需利用专用支架或支撑辅助安装，预制构件安装工序、工艺及现浇部分混凝土的浇筑质量也是关注重点。

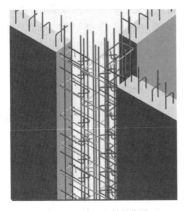
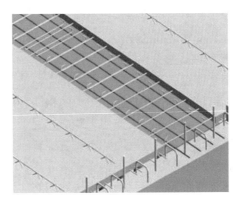

(a) 预制剪力墙水平钢筋搭接锚固

(b) 预制叠合楼板钢筋搭接锚固

图 1-6　预制构件受力钢筋搭接连接示意图

5

2. 间接搭接及锚固

在预制叠合楼板、单侧预制叠合剪力墙及双面预制叠合剪力墙中，预制墙板分布钢筋不出筋，安装施工时通过在现浇部分紧贴预制板内侧垂直于拼缝放置短钢筋的方式完成预制墙板水平及竖向受力钢筋连接（图1-7）。这种连接方式本质上为间接搭接，为提高连接效果及叠合墙板的整体性，往往需同时配置桁架钢筋。采用这种连接方式的最大优点是剪力墙板分布钢筋可不出筋，方便预制墙板的流水线生产，施工安装相对简单，效率高。缺点是连接钢筋较长，数量多，错位传力，钢筋连接效果易受板厚、桁架钢筋布置、现浇部分的混凝土浇筑质量、竖向及水平荷载影响，连接质量及可靠性不易保证。

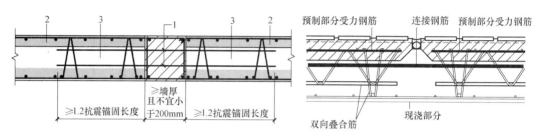

(a) 双面叠合剪力墙受力钢筋间接搭接   (b) 单面叠合剪力墙受力钢筋间接搭接

图 1-7　预制构件受力钢筋非接触搭接连接示意图

1—连接钢筋；2—预制部分；3—现浇部分

3. 约束浆锚搭接连接

预制构件钢筋浆锚连接为将下部预制构件外伸预留连接钢筋插入上部预制构件对应位置的预留孔道内，然后在孔道内填充无收缩高强度灌浆料，完成钢筋连接。为提高连接效果，常采用沿孔道配置螺旋箍筋进行加强，形成螺旋箍筋约束浆锚搭接连接，或采用金属波纹管成孔，形成金属波纹管浆锚搭接连接（图1-8）。

无论螺旋箍筋约束浆锚搭接还是金属波纹管浆锚搭接连接，其钢筋应力均通过钢筋、灌浆料、孔道材料及混凝土之间的粘结、摩擦及咬合传递。钢筋浆锚搭接连接接头为偏心接头，钢筋搭接长度应达到规定要求。

约束浆锚搭接连接通过配置螺旋加强钢筋，可有效加强对搭接传力范围内混凝土的约束，限制接头受力时混凝土可能出现的径向劈裂，提高接头传力效果。对于金属波纹管浆锚连接，亦可参照约束浆锚搭接做法，在接头外围设置加强螺旋箍筋，此时需要控制金属波纹管与螺旋箍筋之间的净距，以确保该部位的混凝土浇筑质量。

4. 套筒灌浆连接

在专用金属钢筋套筒中插入单根带肋钢筋并注入早强高强无收缩灌浆料拌合物，通过拌合物硬化形成整体并实现钢筋传力的钢筋对接连接方式，简称为钢筋套筒灌浆连接。

钢筋套筒灌浆连接主要应用于装配式混凝土结构中预制构件钢筋连接、现浇混凝土结构中钢筋笼整体对接以及既有建筑改造中新旧建筑钢筋连接，其受力机理、施工操作、质量检验等方面均不同于传统的钢筋连接方式。

钢筋套筒灌浆连接是目前预制构件钢筋连接方式中普遍认为较为可靠且安装方便的连接方式。钢筋灌浆套筒连接技术于 1968 年由美国结构工程师 Alfred A. Yee 博士研究发明，美国檀香山（火奴鲁鲁）38 层的 Ala Moana 旅馆建筑是世界上第一个应用该技术的

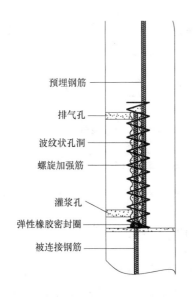

预埋钢筋

排气孔

波纹状孔洞

螺旋加强筋

灌浆孔

弹性橡胶密封圈

被连接钢筋

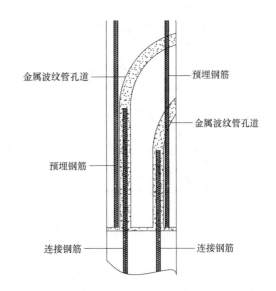

金属波纹管孔道

预埋钢筋

金属波纹管孔道

预埋钢筋

连接钢筋

连接钢筋

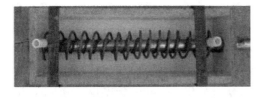

(a) 螺旋箍筋约束浆锚连接

(b) 金属波纹管浆锚连接

图 1-8　钢筋浆锚连接构造示意图

工程，主要用于连接预制混凝土柱。

　　早期的钢筋灌浆连接接头由一根内壁带有
螺纹（或凸肋）、外观为橄榄形带有灌浆和出浆
孔的铸铁套管、两根带肋钢筋以及高强无收缩
灌浆料组成（图 1-9）。两根钢筋分别从套筒两
端插入，通过套筒灌浆孔向套筒和钢筋之间注

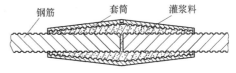

钢筋　　套筒　　灌浆料

图 1-9　早期的钢筋灌浆套筒连接接头示意图

入无收缩灌浆料（水泥砂浆），填充钢筋和套筒的间隙，待水泥砂浆硬化后，将两根钢筋
连接在一起，依靠套筒内凹凸壁和带肋钢筋表面横肋之间的咬合力、握裹力及摩擦力传
力。套筒灌浆接头既可用于梁纵筋的连接，也可用于柱纵筋的连接（图 1-10）。

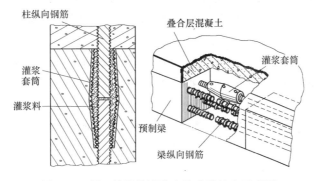

柱纵向钢筋

叠合层混凝土

灌浆套筒

灌浆
套筒

灌浆料

预制梁

梁纵向钢筋

图 1-10　梁、柱纵筋灌浆套筒连接接头示意图

20 世纪 90 年代，钢筋镦粗直螺纹接头在国外得到成功应用之后，美国人将直螺纹连接技术与水泥灌浆接头相结合，开发了一端为钢筋镦粗直螺纹连接，另一端为水泥灌浆连接的钢筋连接接头，即半灌浆接头（图 1-11）。

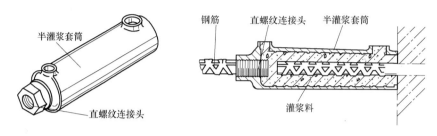

图 1-11　钢筋镦粗直螺纹灌浆连接接头示意图

1972 年，日本公司购置了灌浆套筒生产权，并开始与本国工程师和承包商一起，进行了一系列的改进研究工作，不仅开发了高性能的水泥基灌浆料，同时将外观为橄榄形的连接套筒改进成外观为圆直筒形、两端内壁为锥形的套筒，并附加了灌浆口，灌浆方式改为压力灌浆等。

1986 年，X 型连接套筒完成研发并在日本和北美市场得到广泛应用（图 1-12）。近年来，日本凭借先进的套筒铸造技术和高性能灌浆料，将钢筋套筒灌浆连接接头尺寸做到了尽量最小化，如用于 16mm 直径钢筋的灌浆套筒其直径仅 47mm、长度仅 220mm，接头用水泥基灌浆料抗压强度达 100MPa，灌浆操作时间 40min，为国际上较为先进的灌浆接头技术。

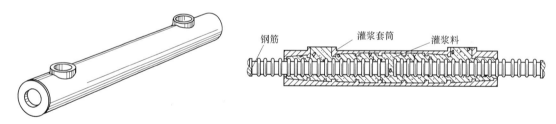

图 1-12　日本典型的灌浆套筒及内部构造示意图

国内较早开展套筒灌浆连接成套技术研发的企业为北京建茂建筑设备有限公司。该公司于 2001 年开发并出口了球墨铸铁水泥灌浆-直螺纹连接套筒，2009 年和北京万科企业有限公司合作研发了以优质碳素结构钢圆钢为基材、采用机械加工成型的一端剥肋滚轧直螺纹连接，另一端水泥灌浆连接的半灌浆套筒，套筒基材抗拉强度为个小于600MPa，屈服强度不小于 355MPa，延伸率不小于 16％，同时开发了配套使用的高强灌浆料。

2010 年开始，同济大学联合上海利物宝建筑科技有限公司依据国家相关规范及标准规定开发了系列球墨铸铁套筒灌浆连接成套技术（图 1-13～图 1-15），其套筒由高性能球墨铸铁铸造而成，包括梁用钢筋连接套筒及墙柱用钢筋连接套筒，并配套研制了早强高强无收缩专用水泥基灌浆料，可广泛用于建筑及市政工程预制构件受力钢筋的连接。

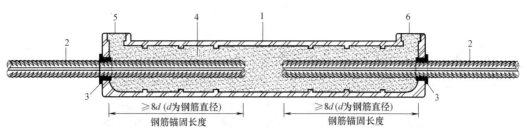

图 1-13　梁用球墨铸铁套筒灌浆连接接头示意图

1—套筒；2—钢筋；3—橡胶密封圈；4—专用灌浆料；5—灌浆孔；6—排浆孔

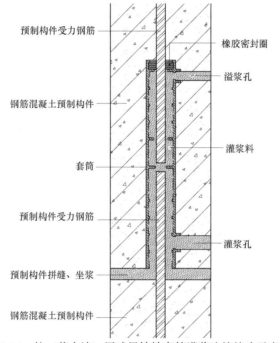

图 1-14　柱（剪力墙）用球墨铸铁套筒灌浆连接接头示意图

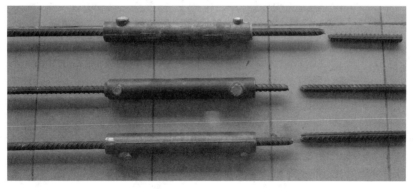

图 1-15　球墨铸铁套筒灌浆连接接头示意图

第2章

钢筋套筒灌浆连接基本原理

2.1 技术原理

灌浆套筒连接接头主要组成元件为钢筋套筒、带肋钢筋及高强灌浆料。灌浆套筒连接接头受力时，硬化后的灌浆料拌合物是实现荷载在钢筋和套筒之间有效传递和转移的关键。

套筒灌浆连接接头受力时，其内部主要有以下几种作用力：

（1）硬化后的灌浆料和钢筋及套筒接触面之间的化学胶着力及摩擦力，其方向平行接触面并与钢筋受力方向相反，大小与接触面的粗糙度（摩擦系数）及垂直作用在接触面上正压力的大小相关；

（2）灌浆料硬化微膨胀受到套筒约束而产生的垂直于约束方向的径向压力，该压力转化为灌浆料和钢筋及套筒接触面之间的正压力，可增加接触面的摩擦力，提高连接效果；

（3）接头拉压时，套筒内部构造（倒锥面及凸肋）和钢筋表面凸肋等在硬化后的灌浆料内部产生的斜向挤压及咬合力，该力斜向指向钢筋轴心，方向与钢筋相对移动方向相反，其沿套筒径向的分力叠加为灌浆料拌合物和钢筋及套筒接触面之间的正压力，可增加表面摩擦力，沿接头长度方向的分力和摩擦力一起平衡钢筋拉力或者压力（图2-1）。

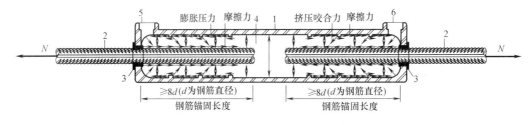

(a) 接头受拉

(b) 接头受压

图 2-1　钢筋受拉及受压套筒灌浆连接接头示意图

1—套筒；2—钢筋；3—橡胶密封圈；4—硬化后的灌浆料拌合物；5—灌浆孔；6—排浆孔

套筒灌浆连接接头受拉时工作原理：钢筋拉力通过灌浆料的化学胶着力、摩擦力及挤压咬合作用逐步传递至套筒，随着进入套筒内部长度的增加，其所受荷载及应力逐步降低，套筒壁所受荷载及应力则逐步增大，至套筒中间部位钢筋断开处，接头拉力全部由套筒及内部灌浆料承担，故当套筒壁厚均匀时，该区段筒壁拉应力最高。接头受拉过程中，套筒壁纵向始终处于拉应力状态，而套筒内灌浆料应力状态较为复杂，部分区域受压、部分区域受拉，套筒内钢筋受拉或不受力。因灌浆料类似于水泥砂浆，虽然抗压强度很高，但抗拉强度及开裂应变较小，为保证套筒内硬化后的灌浆料拌合物完好并稳定发挥钢筋锚固作用，应严格控制套筒壁的拉应力水平及拉伸变形。技术原理上要求套筒材料处于线弹性变形状态，以避免套筒本身出现较大的塑性变形，造成其内硬化后的灌浆料拌合物受拉碎裂，失去荷载传导作用而导致连接失效。

套筒灌浆连接接头受压时工作原理：钢筋压力通过灌浆料的化学胶着力、摩擦力及挤压咬合作用逐步传递至套筒，随着进入套筒内部长度的增加，钢筋压应力逐步降低，套筒壁压应力则逐步增大，至套筒中间部位钢筋断开处，接头压力全部由套筒及内部灌浆料承担，故当套筒壁厚均匀时，该区段筒壁压应力最高。接头受压过程中，套筒壁及套筒内硬化后的灌浆料始终处于压应力状态。从灌浆料特性来说，接头受压比受拉更有利。

从套筒灌浆连接接头特点及工作原理来看，钢筋外形对接头工作性能非常重要，一般光圆钢筋因摩擦力小，不适合用套筒灌浆方式连接。对于我国常用带肋钢筋来说，小直径钢筋因肋高和钢筋直径比大于大直径钢筋，相同锚固长度情况下，其套筒灌浆连接效果要好，相同条件下能以较小的锚固长度即可获得需要的连接效果。

在套筒灌浆连接接头中，钢筋的锚固效果完全取决于灌浆料的性能，其强度越高，可提供的握裹力及摩擦力越高。此外，灌浆料应具有微膨胀特性且硬化后不会干缩，确保套筒内灌浆料拌合物填充密实并提供持续的径向压力，确保连接不会失效。同时套筒材料应有较高的屈服强度和抗拉强度，确保荷载作用下套筒材料不屈服，从而避免产生过大的弹塑性变形；此外套筒壁厚不能太薄，除应满足基本的生产工艺要求外，应能有效约束灌浆料，降低荷载作用下套筒壁的应力水平，确保连接机理有效。因套筒壁轴线方向受力大小由端部到中间部位逐渐变化，套筒较长时为节省材料，套筒壁厚沿纵向可设计为变壁厚。

对于一端采用灌浆连接、另一端采用直螺纹连接的钢筋半灌浆连接接头，灌浆端的工作原理和全灌浆套筒灌浆连接接头基本相同。

2.2 性能要求

钢筋套筒灌浆连接接头属于机械连接接头，其性能指标应严格满足现行行业标准《钢筋机械连接技术规程》JGJ 107 及《钢筋套筒灌浆连接应用技术规程》JGJ 355 的要求。

《钢筋机械连接技术规程》JGJ 107—2016 规定，钢筋机械连接接头根据接头的极限抗拉强度、残余变形、最大力下总伸长率以及高应力和大变形条件下反复拉压性能，分为Ⅰ级、Ⅱ级、Ⅲ级三个性能等级。

Ⅰ级接头应满足：连接件极限抗拉强度大于或等于被连接钢筋抗拉强度标准值的1.10 倍，残余变形小并具有规定的高延性及反复拉压性能；

Ⅱ级接头应满足：连接件极限抗拉强度不小于被连接钢筋极限抗拉强度标准值，残余变形小并具有规定的高延性及反复拉压性能；

Ⅲ级接头应满足：连接件极限抗拉强度不小于被连接钢筋屈服强度标准值的1.25倍，残余变形小并具有规定的延性及反复拉压性能。

此外，《钢筋机械连接技术规程》JGJ 107—2016对于钢筋接头的选用规定：混凝土结构中要求充分发挥钢筋强度或对延性要求高的部位应优先选用Ⅱ级或Ⅰ级接头；当在同一连接区段内钢筋接头面积百分率为100%时，应采用Ⅰ级接头；混凝土结构中钢筋应力较高但对延性要求不高的部位可采用Ⅲ级接头。

现行行业标准《钢筋套筒灌浆连接应用技术规程》JGJ 355对装配式混凝土建筑中所采用的钢筋套筒灌浆连接接头力学性能有以下要求：

（1）钢筋套筒灌浆连接接头的屈服强度不应小于连接钢筋屈服强度标准值；

（2）套筒灌浆连接接头应能经受规定的高应力和大变形反复拉压循环检验，且在经历拉压循环后，其抗拉强度仍应符合本规程的规定（表2-1）。

（3）对于接头变形性能要求套筒灌浆连接接头单向拉伸、高应力反复拉压、大变形反复拉压试验加载过程中，当接头拉力达到或大于被连接钢筋抗拉荷载标准值的1.15倍而未发生破坏时，应判为抗拉强度合格，可停止试验（表2-2）。

套筒灌浆连接接头抗拉强度 表2-1

破坏形态	极限抗拉强度
断于钢筋母材	$f_{mst}^0 \geq f_{stk}$
断于半灌浆套筒预制端外钢筋丝头 断于半灌浆套筒预制端外钢筋镦粗过渡段	$f_{mst}^0 \geq 1.05 f_{stk}$
断于套筒钢筋从套筒灌浆端拔出 钢筋从半灌浆套筒预制端拉脱接头试件未断而结束试验	$f_{mst}^0 \geq 1.15 f_{stk}$

注：f_{mst}^0为接头试件实测极限抗拉强度，f_{stk}为钢筋极限抗拉强度标准值。

套筒灌浆连接接头的变形性能 表2-2

项目		变形性能要求
对中单向拉伸	残余变形（mm）	$u_0 \leq 0.10 (d \leq 32)$
		$u_0 \leq 0.14 (d > 32)$
	最大力下总伸长率（%）	$A_{sgt} \geq 6.0$
高应力反复拉压	残余变形（mm）	$u_{20} \leq 0.3$
大变形反复拉压	残余变形（mm）	$u_4 \leq 0.3$ 且 $u_8 \leq 0.6$

注：u_0为接头试件加载至$0.6 f_{yk}$并卸载后在规定标距内的残余变形；A_{sgt}为接头试件的最大力下总伸长率；u_{20}为接头试件按规定加载制度经高应力反复拉压20次后的残余变形；u_4为接头试件按规定加载制度经大变形反复拉压4次后的残余变形；u_8为接头试件按规定加载制度经大变形反复拉压8次后的残余变形。

2.3 应用范围

1. 适用的钢筋直径及强度等级

现行行业标准《钢筋套筒灌浆连接应用技术规程》JGJ 355规定套筒灌浆连接的钢筋应采用符合现行国家标准《钢筋混凝土用钢 第2部分：热轧带肋钢筋》GB/T 1499.2、《钢筋混凝土用余热处理钢筋》GB 13014要求的带肋钢筋；钢筋直径不宜小于12mm，且不宜大于 40mm。预制拼装桥梁工程中套筒灌浆连接的钢筋直径范围为 12～50mm。连接钢筋的强度等级可为 HRB400 及 HRB500，但不得高出套筒规定的连接钢筋强度等级。

2. 适用的结构体系

凡是符合国家现行标准《混凝土结构设计规范》GB 50010、《建筑抗震设计规范》GB 50011 和《装配式混凝土结构技术规程》JGJ 1 等规定的混凝土结构体系，包括装配式钢筋混凝土排架结构、框架结构、框架-剪力墙结构、剪力墙结构等，其预制混凝土构件的钢筋均可采用钢筋套筒灌浆连接。

3. 适用的结构构件

钢筋套筒灌浆连接接头既可用于框架柱、剪力墙等竖向构件钢筋的连接，也可用于梁等水平构件钢筋的连接（图 2-2）。当梁柱节点处框架柱截面尺寸偏小，节点内梁钢筋采用全灌浆套筒连接无法安装时，可采用分体式全灌浆套筒进行连接（图 2-3）。

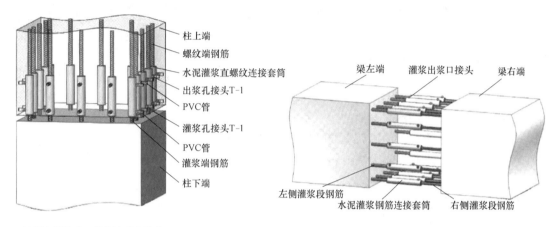

柱上端
螺纹端钢筋
水泥灌浆直螺纹连接套筒
出浆孔接头T-1
PVC管
灌浆孔接头T-1
PVC管
灌浆端钢筋
柱下端

梁左端   灌浆出浆口接头   梁右端

左侧灌浆段钢筋
水泥灌浆钢筋连接套筒   右侧灌浆段钢筋

(a) 竖向钢筋(柱、剪力墙)连接接头   (b) 水平钢筋(梁)连接接头

图 2-2   钢筋套筒灌浆连接接头应用

图 2-3   框架梁柱节点内分体式全灌浆套筒应用

当预制混凝土构件钢筋采用套筒灌浆方式连接时，应满足以下条件：

（1）构件混凝土强度等级不宜低于 C30；

（2）当套筒灌浆连接接头性能满足现行行业标准《钢筋套筒灌浆连接应用技术规程》

JGJ 355 规定时，除多遇地震组合下全截面受拉的钢筋混凝土构件，其纵向受力钢筋不宜在同一截面全部采用钢筋套筒灌浆连接外，其他构件全部纵向受力钢筋可在同一截面连接。

此外，预制混凝土构件钢筋采用套筒灌浆连接时尚应满足下列规定：

（1）接头连接钢筋的强度等级不应高于灌浆套筒规定的连接钢筋强度等级；

（2）全灌浆套筒两端及半灌浆套筒灌浆端连接钢筋的直径不应大于灌浆套筒配套设计直径规格，且不宜小于灌浆套筒设计直径规格一级以上，不应小于灌浆套筒设计直径规格二级以上；

（3）半灌浆套筒预制端连接钢筋的直径应与灌浆套筒设计直径规格一致；

（4）构件配筋方案应根据灌浆套筒外径、长度、净距及安装施工要求确定；

（5）连接钢筋插入灌浆套筒的长度应符合灌浆套筒参数要求，构件连接钢筋外伸长度应根据其插入灌浆套筒的长度、构件连接接缝宽度、构件连接节点构造做法与施工允许偏差等要求确定；

（6）竖向构件配筋设计及安装应与套筒灌浆孔、出浆孔位置协调；

（7）底部设键槽的预制柱，应在键槽处设置排气孔，排气孔孔口位置应高于最高处出浆孔，且高度差不宜小于 100mm；

（8）混凝土构件中灌浆套筒的净距不应小于 25mm；

（9）预制混凝土构件的灌浆套筒长度范围内，预制混凝土柱箍筋的混凝土保护层厚度不应小于 20mm，预制混凝土墙最外层钢筋的混凝土保护层厚度不应小于 15mm。

2.4 灌浆方式

竖向构件套筒灌浆有两种施工工艺：一种为连通腔灌浆工艺，即灌浆前采用专用封堵料将预制构件底部接缝周边密封后（必要时分仓）与该区段所有套筒内腔形成贯通空腔（连通腔），灌浆时只需从一个套筒的灌浆孔灌浆，压力作用下灌浆料在连通腔内流动并充满所有空腔。另一种为先坐浆再灌浆工艺，即预制构件安装时底部接缝直接采用专用坐浆料填实，但坐浆料不得侵入套筒内部（构件安装时套筒端部采用专用带孔密封垫密封进行保护），待坐浆料达到一定的强度后再逐个对套筒进行灌浆施工。

1. 连通腔灌浆标准作业工艺

连通腔灌浆法的工艺流程包括：测量放线→钢筋调直→基层清理→洒水润湿→设置标高控制垫片→墙板（柱）安装→设置斜撑→调节水平位置→调节垂直度→套筒内腔通气测试→封仓→养护→连通腔通气测试→灌浆→养护。

一般预制构件安装就位且连通腔封缝养护后，只要灌浆料、连通腔内部检验合格且环境温度符合规定要求，即可以进行灌浆作业（图 2-4）。

连通腔灌浆有如下要求：

（1）竖向构件采用连通腔灌浆施工时，应合理划分连通灌浆区域，即进行合理分仓；每个仓位内除预留灌浆孔、出浆孔与排气孔外，应采用专用封堵料封堵严实形成密闭的连通腔，确保灌浆时不漏浆。分仓时单个连通腔内任意两个灌浆套筒之间的距离应控制不超过 1.5m，连通腔内预制构件底部与下方构件上表面的最小间隙一般不应小于 20mm。

图 2-4　框架柱及剪力墙连通腔灌浆工艺

（2）接缝连通腔密封时，封堵料嵌入接缝的深度不宜小于15mm，不应大于25mm且不应越过灌浆套筒筒壁；应确保连通灌浆区域与灌浆套筒、排气孔通畅，并采取可靠措施避免封堵材料进入灌浆套筒及排气孔内。

（3）灌浆前应确认封堵料的强度满足灌浆压力要求后，方可进行灌浆作业。

（4）有防水要求的外墙或其他预制构件接缝宜采用连通腔工艺灌浆。

（5）接缝封堵料性能应和灌浆料相近，除早强、高强、无收缩外，尚应具有良好的粘结强度及抗坠滑性能。

2. 先坐浆再灌浆作业工艺

先坐浆再灌浆工艺流程包括：测量放线→钢筋调直→基层清理→设置围挡、标高控制垫片及挡板→洒水润湿→坐浆→安装套筒端口挡片→墙板（柱）安装→设置斜撑→调节水平位置→调节垂直度→坐浆养护→套筒内腔通气测试→套筒灌浆→养护（图 2-5）。

图 2-5　先坐浆再灌浆工艺

先坐浆再灌浆作业工艺要求构件尽可能一次安装就位，且就位后应避免水平位置移动及垂直度调整，以确保构件底部和坐浆层紧密结合，对于无防水要求的内墙板及框架柱等拼接缝，可考虑采用先坐浆再灌浆作业工艺施工。

采用先坐浆再灌浆作业工艺时，套筒为逐一灌浆，有利于提高灌浆成功率及灌浆质量，其缺点在于预制构件底部接缝可能不密实，有渗漏隐患。

一般对于竖向构件的套筒灌浆，可根据需要选用先坐浆再灌浆工艺或连通腔灌浆工艺。对于水平预制构件，若受力钢筋采用套筒灌浆连接，只能逐个进行灌浆。

第**3**章

灌浆套筒

3.1 套筒分类与型号标记

1. 分类

灌浆套筒可根据加工方式和结构形式等特点进行分类（表 3-1），对应图示见图 3-1。

灌浆套筒分类表 表 3-1

分类方式	名称	
结构形式	全灌浆套筒	整体式全灌浆套筒(图 3-1a)
		分体式全灌浆套筒(图 3-1b)
	半灌浆套筒	整体式半灌浆套筒(图 3-1c)
		分体式半灌浆套筒(图 3-1d)
加工方式	铸造成型	—
	机械加工成型	切削加工
		压力加工(如滚压工艺,图 3-1e)

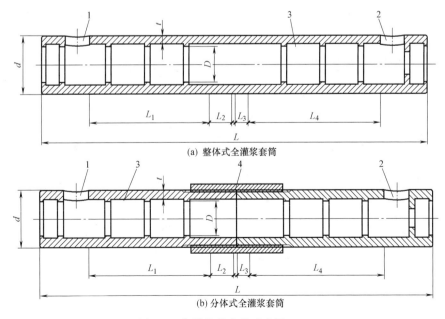

(a) 整体式全灌浆套筒

(b) 分体式全灌浆套筒

图 3-1 各类灌浆套筒示意图（一）

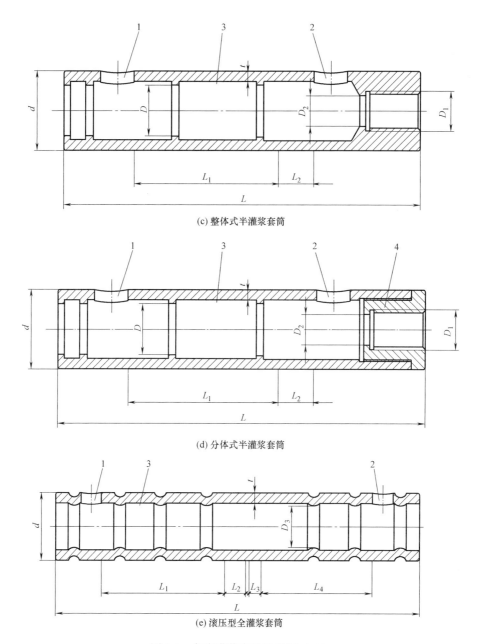

(c) 整体式半灌浆套筒

(d) 分体式半灌浆套筒

(e) 滚压型全灌浆套筒

图 3-1　各类灌浆套筒示意图（二）

1—灌浆孔；2—出浆孔；3—剪力槽；4—连接套筒；L—灌浆套筒总长；L_1—灌浆端锚固长度；L_2—装配端预留钢筋安装调整长度；L_3—预制端预留钢筋安装调整长度；L_4—出浆端锚固长度；t—灌浆套筒名义壁厚；d—灌浆套筒外径；D—灌浆套筒最小内径；D_1—灌浆套筒机械连接端螺纹的公称直径；D_2—灌浆套筒螺纹端与灌浆端连接处的通孔直径；D_3—不包括灌浆孔、出浆孔外侧因导向、定位等比锚固段环形突起内径偏小的尺寸（D_3 可为非等截面）

半灌浆套筒又可按非灌浆一端机械连接方式（螺纹加工方式），分为直接滚轧直螺纹半灌浆套筒、剥肋滚轧直螺纹半灌浆套筒和镦粗直螺纹半灌浆套筒。

2. 型号标记

灌浆套筒型号由名称代号、加工方式分类代号、分类代号、主参数代号、特征代号和更新及变型代号组成。灌浆套筒主参数由被连接钢筋的强度级别和公称直径组成（图 3-2）。

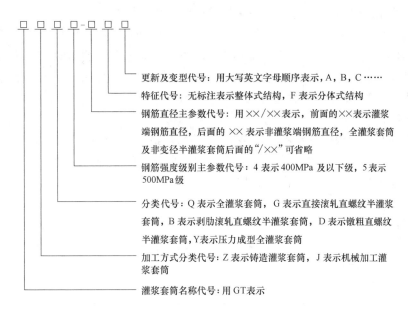

图 3-2　各类灌浆套筒编号及说明

示例 1：

连接标准屈服强度为 400MPa，直径 40mm 钢筋，采用铸造加工的整体式全灌浆套筒表示为：GTZQ4-40。

示例 2：

连接标准屈服强度为 500MPa 钢筋，灌浆端连接直径 36mm 钢筋，非灌浆端连接直径 32mm 钢筋，采用机械加工方式加工的剥肋滚轧直螺纹灌浆套筒的第一次变型表示为：GTJB5-36/32A。

示例 3：

连接标准屈服强度为 500MPa，直径 25mm 钢筋，采用机械滚压方式加工的全灌浆套筒表示为：GTJY5-25。

示例 4：

连接标准屈服强度为 500MPa，直径 32mm 钢筋，采用机械加工的分体式全灌浆套筒表示为：GTJQ5-32F。

3.2　套筒性能与技术要求

1. 构造要求

（1）最不利截面

全灌浆套筒中部、半灌浆套筒出浆孔位置一般为最不利截面，该不利截面处计入最大负公差后，以及其他类型套筒灌浆连接接头拉力最大区段的套筒屈服承载力和抗拉承载力的设计值应符合下列规定：

① 设计抗拉承载力不应小于被连接钢筋抗拉承载力标准值的 1.20 倍；

② 设计屈服承载力不应小于被连接钢筋屈服承载力标准值。

灌浆套筒尺寸应根据被连接钢筋牌号、直径及套筒原材料的力学性能，按现行行业标准《钢筋连接用灌浆套筒》JG/T 398 第 5.5 节的规定通过设计计算确定，灌浆套筒生产应符合产品设计要求，套筒灌浆连接接头性能应符合现行行业标准《钢筋套筒灌浆连接应用技术规程》JGJ 355 的规定。

（2）长度

灌浆套筒长度应根据试验确定，灌浆连接端的钢筋锚固长度（不包括钢筋安装调整长度）不宜小于 8 倍钢筋公称直径，全灌浆套筒中间轴向定位点两侧应预留钢筋安装调整长度，预制端宜不小于 10mm，装配端不宜小于 20mm。

（3）剪力槽数量

灌浆套筒封闭环剪力槽数量宜符合表 3-2 的规定，对于采用非封闭环剪力墙槽的套筒，其连接效果须通过灌浆接头试验验证并满足现行行业标准《钢筋连接用灌浆套筒》JG/T 398 第 5.5 节的相关要求（表 3-2）。

灌浆套筒封闭环剪力槽要求 表 3-2

连接钢筋直径(mm)	10～20	22～32	36～40
剪力槽数量(个)	≥3	≥4	≥5
剪力槽两侧凸台轴向厚度(mm)	≥1.5		

（4）最小壁厚

灌浆套筒壁厚应同时满足接头性能和生产工艺要求，切削加工灌浆套筒最小壁厚不应小于 3mm；压力加工灌浆套筒不应小于 2.75mm；铸造灌浆套筒不应小于 4mm；锻造灌浆套筒不应小于 3mm。

（5）内径及其他

半灌浆套筒螺纹端与灌浆端连接处的通孔直径设计不宜过大，螺纹小径与通孔直径差不应小于 1mm，通孔长度不应小于 3mm。

灌浆套筒内腔直径最小处与被连接钢筋公称直径的最小差值应符合规定（表 3-3）。

灌浆套筒内径 表 3-3

连接钢筋公称直径(mm)	10～25	28～40
灌浆套筒最小内径与被连接钢筋直径的最小差值(mm)	≥10	≥15

分体式全灌浆套筒和分体式半灌浆套筒的分体连接部分的极限抗拉强度应符合下列规定：

① 设计抗拉承载力不应小于被连接钢筋抗拉承载力标准值的 1.15 倍；

② 设计屈服承载力不应小于被连接钢筋屈服承载力标准值；

③ 螺纹连接部分的尺寸公差与配合应符合现行国家标准《普通螺纹 公差》GB/T 197

中 H6/f6 规定。

灌浆套筒使用时螺纹副的旋紧力矩值应符合力矩规定（表 3-4）。滚压型灌浆套筒滚压加工时，灌浆套筒内外表面不应出现起皮、微裂纹等缺陷。对直接承受重复荷载的结构，灌浆套筒的疲劳性能应符合现行行业标准《钢筋机械连接技术规程》JGJ 107 的规定。

灌浆套筒螺纹副旋紧力矩值 表 3-4

钢筋直径(mm)	12～16	18～20	22～25	28～32	36～40
拧紧扭矩(N·m)	100	200	260	320	360

注：扭矩值是直螺纹连接处最小安装拧紧扭矩值。

2. 原材料性能

用于制造铸造灌浆套筒的原材料应满足以下要求：

（1）铸造灌浆套筒材料宜选用球墨铸铁；

（2）采用球墨铸铁制造的灌浆套筒，材料性能除应符合现行国家标准《球墨铸铁件》GB/T 1348 的规定外，尚应符合表 3-5 的规定。

球墨铸铁灌浆套筒的材料性能 表 3-5

项目	材料	抗拉强度 R_m(MPa)	断后伸长率 A(%)	球化率(%)	硬度 HBW
性能指标	QT500	≥500	≥7	≥85	180～250
	QT550	≥550	≥5		
	QT600	≥600	≥3		

用于制造机械加工灌浆套筒的原材料应满足以下要求：

（1）机械加工灌浆套筒原材料宜选用优质碳素结构钢、碳素结构钢、不锈钢棒、低合金高强度结构钢、合金结构钢、冷拔或冷轧精密无缝钢管、结构用无缝钢管、结构用不锈钢无缝钢管、优质碳素结构钢热轧和锻制圆管坯，其外观、尺寸及力学性能除应符合国家现行标准《优质碳素结构钢》GB/T 699、《碳素结构钢》GB/T 700、《热轧钢棒尺寸、外形、重量及允许偏差》GB/T 702、《不锈钢棒》GB/T 1220、《低合金高强度结构钢》GB/T 1591、《合金结构钢》GB/T 3077、《冷拔或冷轧精密无缝钢管》GB/T 3639、《结构用无缝钢管》GB/T 8162、《结构用不锈钢无缝钢管》GB/T 14975、《无缝钢管尺寸、外形、重量及允许偏差》GB/T 17395 和《优质碳素结构钢热轧和锻制圆管坯》YB/T 5222 的规定外，尚应符合表 3-6 的规定。

常用钢材机加工灌浆套筒材料性能 表 3-6

项目	性能指标					
材料	45 号圆钢	45 号圆管	Q390	Q345	Q235	40Cr
屈服强度 R_{eL}(MPa)	≥355	≥335	≥390	≥345	≥235	≥785
抗拉强度 R_m(MPa)	≥600	≥590	≥490	≥470	≥375	≥980
断后伸长率 A(%)	≥16	≥14	≥18	≥20	≥25	≥9

注：1. 当屈服现象不明显时，可用规定塑性延伸强度 $R_{p.02}$ 代替；

2. 根据供需双方协议，可以选用本表以外用于机加工灌浆套筒的钢材材料。

（2）当机械加工灌浆套筒原材料采用 45 号钢的冷轧精密无缝钢管时，应进行退火处理，并应符合现行国家标准《冷拔或冷轧精密无缝钢管》GB/T 3639 的规定，其抗拉强度不应大于 800MPa，断后伸长率不宜小于 14%。45 号钢冷轧精密无缝钢管的原材料应采用牌号为 45 号的管坯钢，并应符合现行行业标准《优质碳素结构钢热轧和锻制圆管坯》YB/T 5222 的规定。

（3）当机械加工灌浆套筒原材料采用冷压加工工艺成型时，宜进行退火处理，且灌浆套筒设计时不得采用经冷加工提高的强度来减少灌浆套筒横截面面积。

（4）机械加工灌浆套筒原材料可选用经过接头型式检验证明符合现行行业标准《钢筋套筒灌浆连接应用技术规程》JGJ 355 中接头性能规定的其他钢材。

（5）机械滚压或挤压加工的灌浆套筒材料宜选用 Q345、Q390 及其他符合现行国家标准《结构用无缝钢管》GB/T 8162 规定的钢管材料，亦可选用符合国家标准《优质碳素结构钢》GB/T 699 规定的机械加工钢管材料。

3. 尺寸偏差

灌浆套筒成品的尺寸偏差应符合表 3-7 的规定。

灌浆套筒尺寸偏差 　　　　　　　　　　　　　　　　　　　　　表 3-7

序号	项目	灌浆套筒尺寸偏差					
		铸造灌浆套筒			机械加工灌浆套筒		
	钢筋直径(mm)	10～20	22～32	36～40	10～20	22～32	36～40
1	内、外径允许偏差(mm)	±0.8	±1.0	±1.5	±0.5	±0.6	±0.8
2	壁厚允许偏差(mm)	±0.8	±1.0	±1.2	±12.5% t 或±0.4 较大者		
3	长度允许偏差(mm)	±2.0			±1.0		
4	剪力槽两侧凸台内径允许偏差(mm)	±1.5			±1.0		
5	剪力槽两侧凸台宽度允许偏差(mm)	±1.0			±1.0		
6	直螺纹精度	—			《普通螺纹 公差》GB/T 197 中 6H 级		

4. 外观

（1）铸造灌浆套筒的外观应满足以下要求：

① 灌浆套筒内、外表面不应有影响套筒性能的夹渣、冷隔、砂眼、缩孔、裂纹等质量缺陷；

② 灌浆套筒表面允许有锈斑或浮锈，不应有锈皮；

③ 灌浆套筒表面标记和标志应符合现行行业标准《钢筋连接用灌浆套筒》JG/T 398 第 4.2.1 和 8.1.1 条的规定。

（2）机械加工灌浆套筒的外观应满足以下要求：

① 灌浆套筒外表面可为加工表面或无缝钢管、圆钢的自然表面。机械加工灌浆套筒表面应无目测可见裂纹等缺陷，端面和外表面的边棱处应无尖棱、毛刺。

② 灌浆套筒表面允许有锈斑或浮锈，不应有锈皮。

③ 灌浆套筒表面标记和标志应符合现行行业标准《钢筋连接用灌浆套筒》JG/T 398 第 4.2.1 和 8.1.1 条的规定。

5. 力学性能

灌浆套筒的力学性能通过接头试验来检验。灌浆套筒应与经型式检验确认的灌浆料匹配使用组成接头，根据现行行业标准《钢筋套筒灌浆连接应用技术规程》JGJ 355 中钢筋灌浆连接接头的性能等级及对应要求，将灌浆套筒、灌浆料与钢筋装配成接头后进行型式检验，其强度和变形性能应符合表 3-8、表 3-9 的规定。

表 3-8

钢筋灌浆接头的抗拉强度

项目	强度要求
抗拉强度	$f_{mst}^0 \geqslant f_{stk}$ 断于钢筋或 $f_{mst}^0 \geqslant 1.15 f_{stk}$ 接头破坏

注：1. f_{mst}^0 为接头试件实测抗拉强度；f_{stk} 为钢筋抗拉强度标准值；

2. 断于钢筋指断于钢筋母材、半灌浆套筒外钢筋丝头和钢筋镦粗过渡段；

3. 接头破坏指断于套筒、套筒开裂或钢筋从套筒中拔出以及其他连接组件破坏。

表 3-9

钢筋灌浆接头的变形性能

项目		变形性能
单向拉伸	残余变形（mm）	$u_0 \leqslant 0.10 \ (d \leqslant 32)$ $u_0 \leqslant 0.14 \ (d > 32)$
	最大力下总伸长率（%）	$A_{sgt} \geqslant 6.0$
高应力反复拉压	残余变形（mm）	$u_{20} \leqslant 0.3$
大变形反复拉压	残余变形（mm）	$u_4 \leqslant 0.3$ 且 $u_8 \leqslant 0.6$

注：1. u_0 为接头试件加载至 0.6 倍钢筋屈服强度标准值并卸载后在规定标距内的残余变形；u_{20} 为接头经高应力反复拉压 20 次后的残余变形；u_4 为接头经大变形反复拉压 4 次后的残余变形；u_8 为接头经大变形反复拉压 8 次后的残余变形；A_{sgt} 为接头试件的最大力下总伸长率；

2. 当频遇荷载组合下，构件中钢筋应力明显高于 0.6 倍钢筋屈服强度标准值时，可对单向拉伸残余变形 u_0 的加载峰值提出调整要求。

3.3 套筒生产与外表标志

1. 套筒生产企业要求

（1）套筒生产企业应发布包括本企业产品的规格、型式、尺寸及偏差、质量控制方法、检验项目与制度、不合格品处理规则等自我声明并公开企业标准；

（2）套筒生产企业应取得有效的 GB/T 19001/ISO 9001 质量管理体系认证证书、灌浆或产品认证证书。

2. 套筒外表标志要求

（1）灌浆套筒外表面标志应符合现行行业标准《钢筋连接用灌浆套筒》JG/T 398 第8.1.1 条的规定；

（2）灌浆套筒外表面应有清晰可见的可追溯性原材料批次、铸造生产炉号及套筒生产加工等信息的生产批号，并应与原材料检验报告、发货或出库凭单、产品检验记录、产品合格证、产品质量证明书等记录相对应，相关记录保存不应少于 3 年。

3.4 套筒检验项目与方法

1. 材料力学性能

（1）取样与试样制备

① 铸造灌浆套筒材料性能取样采用单铸试块的方式，试样制备须符合现行国家标准《球墨铸铁件》GB/T 1348 的规定。

② 采用机械加工工艺的灌浆套筒材料性能取样在原材料上进行，取样位置和试样制备应符合现行国家标准《钢及钢产品 力学性能试验取样位置及试样制备》GB/T 2975 的规定。

（2）试验方法

灌浆套筒材料力学性能试验项目包括屈服强度、抗拉强度和断后伸长率，试验方法应按现行国家标准《金属材料 拉伸试验 第 1 部分：室温试验方法》GB/T 228.1 的规定进行。

2. 球化率

（1）取样与试样制备

铸造灌浆套筒采用本体试样，从灌浆套筒中间位置取垂直套筒轴线横截环状试样，试样制备应符合现行国家标准《金属显微组织检验方法》GB/T 13298 的规定。灌浆套筒生产时，可采用单铸试块的方式取样。

（2）试验方法

按现行国家标准《球墨铸铁金相检验》GB/T 9441 的规定，测量 3 个球化差的视场，取平均值。

3. 硬度

（1）取样与试样制备

机械加工灌浆套筒采用本体试样，从灌浆套筒中间位置截取 15mm 高的环形试样；铸造灌浆套筒取样采用同条件下单铸试块的方式。

（2）试验方法

采用直径为 2.5mm 的硬质合金球，试验力为 1.839kN，取 3 点，试验方法按现行国家标准《金属材料 布氏硬度试验 第 1 部分：试验方法》GB/T 231.1 的规定执行。

4. 外观尺寸

灌浆套筒材料外观检验可采用目测方法，检验应采用游标卡尺或专用量具。

5. 灌浆套筒外形、尺寸及螺纹

（1）灌浆套筒外观可采用目测检查。外径、壁厚、长度、凸起内径检验采用游标卡尺或专用量具进行，卡尺精度不应低于 0.02mm；灌浆套筒外径应在同一截面相互垂直的两个方向测量，取其平均值；壁厚的测量可在同一截面相互垂直两方向测量套筒内径，取其平均值，通过外径、内径尺寸计算出壁厚。当灌浆套筒为不等壁厚结构时，应按产品设计图测量其拉伸力最大处并记为套筒壁厚值。对于外径为光滑表面的套筒，可采用超声波测厚仪测量厚度值。

（2）直螺纹中径使用螺纹塞规检验，螺纹小径可用光规或游标卡尺测量。

（3）灌浆连接段凹槽大孔用内卡规检验，卡规精度不应低于 0.02mm。

（4）剪力槽数量采用目测计数方式检查，剪力槽宽度和凸台厚度采用游标卡尺或专用量具检验。

6. 接头力学性能

（1）全灌浆套筒的力学性能试验通过灌浆套筒、母材强度不低于标准值 1.15 倍的钢筋和与之相匹配的灌浆料连接成钢筋接头试件，按现行行业标准《钢筋连接用灌浆套筒》JG/T 398 附录 A 规定的接头单向拉伸试验方法确定。

（2）半灌浆套筒的力学性能试验，在非灌浆端采用带外螺纹高强度工具杆与灌浆套筒旋合形成连接接头，工具杆的实际承载力不应小于被连接钢筋受拉承载力标准值的 1.20 倍；在灌浆端采用与之相匹配的灌浆料将灌浆套筒和母材强度不低于标准值 1.15 倍的钢筋形成连接接头，然后应按现行行业标准《钢筋连接用灌浆套筒》JG/T 398 附录 A 规定的接头单向拉伸试验方法确定。

（3）灌浆套筒实测受拉承载力达到被连接钢筋受拉承载力标准值的 1.15 倍时，可结束试验。

（4）灌浆套筒型式检验采用灌浆套筒、灌浆料与母材强度不低于标准值 1.15 倍的钢筋连接后的钢筋连接灌浆接头试件进行，试验方法按照现行行业标准《钢筋连接用灌浆套筒》JG/T 398 附录 A 的规定确定。

7. 检验规则

灌浆套筒检验分为灌浆套筒材料检验和灌浆套筒检验。灌浆套筒材料检验应在灌浆套筒批量加工生产前进行，灌浆套筒材料检验项目须符合表 3-10 的规定。

灌浆套筒材料检验项目 　　　　　　　　　　　　　　　　表 3-10

序号	检验项目	判定依据	检验方法	机械加工灌浆套筒	铸造灌浆套筒
1	材料力学性能	现行行业标准《钢筋连接用灌浆套筒》JG/T 398 第 5 章	现行行业标准《钢筋连接用灌浆套筒》JG/T 398 第 6 章	√	√
2	球化率				√
3	硬度				√
4	材料外观、尺寸			√	

材料性能试验以同钢号、同规格、同炉（批）号的材料为一验收批，力学性能、球化率、硬度以及外观和尺寸检验每验收批须分别抽取 3 个试样，且每个试样应取自不同根材料上。

套筒须按现行行业标准《钢筋连接用灌浆套筒》JG/T 398 第 7.1.1 条规定的检验项目进行检验，若 3 个试验均合格，则该批材料应判定为合格；若有 1 个试样不合格，应加倍抽样复检，复检全部合格时，仍可判定该批材料合格；若复检中仍有 1 个试样不合格，则该批材料应判定为不合格。

3.5　套筒出厂检验与型式检验

灌浆套筒检验分为出厂检验和型式检验，检验项目应符合现行行业标准《钢筋连接用灌浆套筒》JG/T 398 表 12 的规定。

1. 出厂检验

出厂检验项目包括：

(1) 灌浆套筒外观、标记、外形尺寸

以连续生产的同原材料、同类型、同型式、同规格、同批号的 1000 个或少于 1000 个套筒为一个验收批，随机抽取 10％进行检验。合格率不低于 97％时，应评为该验收批合格；当合格率低于 97％时，应加倍抽样复检，当加倍抽样复检合格率不低于 97％时，应评定该验收批合格，若仍小于 97％时，该验收批应逐个检验，合格后方可出厂。当连续十个验收批一次抽检均合格时，验收批抽检比例可由 10％减为 5％。

(2) 灌浆套筒力学性能检验

灌浆套筒连续生产时，1 年至少做 1 次灌浆套筒力学性能试验。以同原材料、同类型、同规格的灌浆套筒为一个验收批，随机抽取不少于 2 个进行检验。当满足现行行业标准《钢筋连接用灌浆套筒》JG/T 398 第 5.1.1 或 5.1.2、5.1.8 条的要求时，应评为该验收批合格；反之，应评定该验收批不合格。

2. 型式检验

灌浆套筒有下列情况之一时，应进行型式检验，且检验时应采用与灌浆套筒匹配的灌浆料：

(1) 灌浆套筒产品定型时；

(2) 灌浆套筒材料、工艺、规格变化，可能影响产品性能时；

(3) 钢筋强度等级、肋形发生变化时；

(4) 型式检验报告超过 4 年时。

型式检验取样规则如下：

(1) 对每种类型、级别、规格、材料、工艺的同径钢筋灌浆连接接头，应进行型式检验，接头试件数量不应少于 12 个，其中对中单向拉伸试件不应少于 3 个，偏置单向拉伸试件不应少于 3 个，高应力反复拉压试件不应少于 3 个，大变形反复拉压试件不应少于 3 个。同时，应另取 3 根钢筋试件做抗拉强度试验，全部试件宜在同一根钢筋上截取。

(2) 用于型式检验的半灌浆接头试件和分体式套筒灌浆接头试件应由接头技术提供单位按现行行业标准《钢筋连接用灌浆套筒》JG/T 398 表 5 规定的扭矩进行装配。由型式检验单位先对送样接头试件进行外观、尺寸和标志检验，检验合格后由型式检验单位进行其他试验。型式检验试件应采用未经预拉的试件。

当型式检验试验结果符合下列规定时应判定为合格：

(1) 外观、尺寸和标志检验：对送交型式检验的灌浆套筒、半灌浆套筒应按现行行业标准《钢筋连接用灌浆套筒》JG/T 398 中 5.3、5.4.1、5.4.2、8.1 及附录 A 的要求，由检验单位检验，并按现行行业标准《钢筋连接用灌浆套筒》JG/T 398 附录中表 C.1 记录。记录应包括螺纹连接处的安装扭矩。

(2) 强度检验：每个接头试件的强度实测值均应符合现行行业标准《钢筋连接用灌浆套筒》JG/T 398 表 9 的规定；

(3) 变形检验：对残余变形和最大力总伸长率，3 个试件实测值的平均值应符合现行行业标准《钢筋连接用灌浆套筒》JG/T 398 表 10 的规定。

型式检验应由国家或省部级主管部门认可的具有法定资质和相应检测能力的检测机构

进行，并宜按现行行业标准《钢筋连接用灌浆套筒》JG/T 398 附录 B 的格式出具检验报告和评定结论。

3.6 套筒标识、包装、运输和贮存

1. 标识及其组成

产品表面应刻印清晰、持久性标识。标识应包括符合现行行业标准《钢筋连接用灌浆套筒》JG/T 398 规定的标识和厂家代号、可追溯原材料性能的生产批号、铸造炉批号。厂家代号可采用字符或图案。生产批号代号可采用数字或数字与符号组合。

2. 排列

产品表面的标识可单排也可双排排列。当双排排列时，名称代号、特性代号、主参数代号应列为一排。

3. 包装材料与表面标识

产品包装应采用纸箱、塑料编织袋或木箱等其他可靠包装。包装物表面上须标明产品名称、灌浆套筒型号、套筒加工工艺、数量、适用钢筋规格、钢筋强度等级、制造日期、生产批号、生产厂家名称、地址、电话等。产品包装应符合现行国家标准《一般货物运输包装通用技术条件》GB/T 9174 的规定。

4. 产品合格证与质量证明书

产品出厂时包装内应附有产品合格证，同时应向用户提交质量证明书：

(1) 产品合格证应包括：生产厂家名称；产品型号；生产批号；生产日期；执行标准；数量；检验合格签章；质检员签章。

(2) 产品质量证明书应包括：产品名称；灌浆套筒型号、规格；生产批号；材料牌号；数量；执行标准；检验合格签章；企业名称、通信地址和联系电话等。

5. 运输和贮存

产品在运输过程中应有防水、防雨措施。产品应贮存在防水、防雨、防潮的环境中，并按规格型号分别码放。

第**4**章

灌浆料与封堵料

4.1 产品类型

1. 钢筋套筒灌浆连接用灌浆料

以水泥为基本材料，配以细骨料、外掺料以及砂浆外加剂和其他材料组成的干混料，简称"套筒灌浆料"。该材料加水搅拌后具有良好的流动性，具有早强、高强、微膨胀等性能，填充于套筒和带肋钢筋间隙内，形成钢筋套筒灌浆连接接头。

2. 钢筋浆锚搭接连接用灌浆料

钢筋浆锚搭接连接，是钢筋在预留孔洞中完成搭接连接的方式。这项技术的关键，在于孔洞的成型技术、灌浆料的质量以及对被搭接钢筋形成约束的方法等多个因素。浆锚搭接灌浆料各项主要性能指标参照现行行业标准《装配式混凝土结构技术规程》JGJ 1—2014 表 4.2.3 的性能要求。

3. 套筒灌浆料的原材料

水泥宜采用普通硅酸盐水泥，并应符合现行国家标准《通用硅酸盐水泥》GB 175 的规定，硫铝酸盐水泥应符合现行国家标准《硫铝酸盐水泥》GB 20472 的规定。细骨料宜采用天然砂，应符合现行国家标准《建筑用砂》GB/T 14684 的规定，最大粒径不应超过 2.36mm。混凝土外加剂应符合国家现行标准《混凝土外加剂》GB 8076、《混凝土膨胀剂》GB/T 23439 和《聚羧酸系高性能减水剂》JG/T 223 的规定。产品配方中的其他材料均应符合国家现行有关产品标准的规定。

4. 套筒灌浆料的分类

按照使用温度分为常温型套筒灌浆料和低温型套筒灌浆料两种。常温型套筒灌浆料适用于灌浆施工及养护过程中 24h 内灌浆部位环境温度不低于 5℃的情况。低温型套筒灌浆料适用于灌浆施工及养护过程中 24h 内灌浆部位环境温度范围为—5～10℃的情况。本书主要以介绍常温型套筒灌浆料为主。

5. 套筒灌浆料的使用要求

套筒灌浆料应按厂家提供的产品设计（说明书）要求的用水量进行配制。拌合用水应符合《混凝土用水标准》JGJ 63 的规定。常温型套筒灌浆料使用时，施工及养护过程中 24h 内灌浆部位所处的环境温度不应低于 5℃，低温型套筒灌浆料使用时，施工及养护过程中 24h 内灌浆部位所处的环境温度不应低于—5℃，且不宜超过 10℃。

6. 封堵料

以水泥为基本材料，配以细骨料、外掺料以及砂浆外加剂和其他材料组成的干混料。

该材料加水搅拌后具有良好触变性，可用于构件底部封仓、连通腔周围封缝。该材料宜具备早强、施工方便等性能，防止灌浆时出现漏浆、跑浆、爆浆等现象（图4-1）。

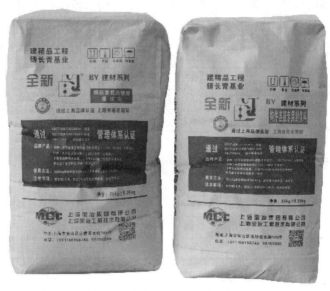

图4-1 灌浆料、封堵料示意图

4.2 性能指标

灌浆料应具有高强、早强、无收缩和微膨胀等基本特性，以便与钢筋套筒、被连接钢筋更有效地结合在一起共同工作，同时满足装配式结构快速施工的要求。

1. 常温型套筒灌浆料的性能

常温型灌浆料性能应符合现行行业标准《钢筋连接用套筒灌浆料》JG/T 408中的性能要求（表4-1），且不应低于接头设计要求的灌浆料抗压强度。

常温型套筒灌浆料性能指标 表4-1

检测项目		性能指标
流动度（mm）	初始	≥300
	30min	≥260
抗压强度（MPa）	1d	≥35
	3d	≥60
	28d	≥85
竖向膨胀率（%）	3h	0.02～2
	24h与3h差值	0.02～0.40
28d自干燥收缩（%）		≤0.045
氯离子含量（%）		≤0.03
泌水率（%）		0

注：氯离子含量以灌浆料总量为基准。

2. 钢筋浆锚搭接连接灌浆料的性能

钢筋浆锚搭接连接接头用灌浆料性能应符合现行行业标准《装配式混凝土结构技术规程》JGJ 1 中对采用钢筋浆锚搭接连接接头时所用灌浆料的性能要求（表 4-2）。

钢筋浆锚搭接连接接头用灌浆料性能要求 表 4-2

项目		性能指标	试验方法标准
泌水率（%）		0	《普通混凝土拌合物性能试验方法标准》GB/T 50080
流动度（mm）	初始值	≥200	《水泥基灌浆材料应用技术规范》GB/T 50448
	30min 保留值	≥150	
竖向膨胀率（%）	3h	≥0.02	《水泥基灌浆材料应用技术规范》GB/T 50448
	24h 与 3h 膨胀率之差	0.02～0.5	
抗压强度（MPa）	1d	≥35	《水泥基灌浆材料应用技术规范》GB/T 50448
	3d	≥55	
	28d	≥80	
氯离子含量（%）		≤0.06	《混凝土外加剂匀质性试验方法》GB/T 8077

3. 封堵料的性能

常温型封堵料的抗压强度、流动度应满足表 4-3 的要求；流动度试验方法应符合现行国家标准《水泥胶砂流动度测定方法》GB/T 2419 的规定，常温型封堵料抗压强度试件尺寸应按 40mm×40mm×160mm 尺寸制作，其加水量应按封堵料产品说明书确定，抗压强度试验方法应符合现行国家标准《水泥胶砂强度检验方法（ISO 法）》GB/T 17671 的规定。

装配式建筑钢筋灌浆连接封堵料性能要求 表 4-3

项目		技术指标
初始流动度（mm）		130～170
抗压强度（N/mm^2）	1d	≥30
	3d	≥45
	28d	≥65

4.3 交付检验

1. 进场检验

（1）材料进场，应查验产品合格证、使用说明书和产品质量检测报告。灌浆料合格证检验项目应包括初始流动度、30min 流动度、1d、3d、28d 抗压强度，竖向膨胀率，竖向膨胀率的差值、泌水率。封堵料合格证检验项目应包括初始流动度、1d、3d、28d 的抗压强度（图 4-2）。

（2）材料进场时，产品的质量验收采用抽样检测或以产品同批号的检验报告为依据进行验收。

（3）以抽取实物试样的检验结果为验收依据时，取样方法应按现行国家标准《水泥取样方法》GB 12573 进行。

图4-2　产品合格证和产品质量检测报告

（4）以同批号产品的检验报告为验收依据时，于发货前或交货时买卖双方在同批号产品中抽取试样，双方共同签封后保存2个月，在2个月内，买方对产品质量有疑问时，买卖双方应将签封的试样送检。

2. 抽样试件

（1）一般要求

常温型套筒灌浆料试件成型时试验室的温度应为20±2℃，相对湿度应大于50%，养护室的温度应为20±1℃，养护室的相对湿度不应低于90%，养护水的温度应为20±1℃。

（2）流动度

① 流动度试验应符合下列规定：

a. 应采用符合现行行业标准《行星式水泥胶砂搅拌机》JC/T 681要求的搅拌机拌合水泥基灌浆材料；

b. 截锥圆模应符合现行国家标准《水泥胶砂流动度测定方法》GB/T 2419的规定，尺寸为下口内径100±0.5mm，上口内径70±0.5mm，高60±0.5mm；

c. 玻璃板尺寸500mm×500mm，并应水平放置（图4-3）；

图4-3　流动度测试所需工具

d. 采用钢直尺测量，精度为 1mm。

② 流动度试验应按下列步骤进行：

a. 1800g 水泥基灌浆材料，精确至 5g。

b. 按照产品设计（说明书）要求的用水量称量好拌合用水，精确至 1g。

c. 润湿搅拌锅和搅拌叶，但不得有明水。将水泥基灌浆材料倒入搅拌锅中，开启搅拌机，同时加入拌合水，应在 10s 内加完。

d. 按水泥胶砂搅拌机的设定程序搅拌 240s。

e. 润湿玻璃板和截锥圆模内壁，但不得有明水；将截锥圆模放置在玻璃板中间位置。

f. 将水泥基灌浆材料浆体倒入截锥圆模内，直至浆体与截锥圆模上口平齐；徐徐提起截锥圆模，让浆体在无扰动条件下自由流动直至停止。

g. 测量浆体最大扩散直径及与其垂直方向的直径，计算平均值，精确到 1mm，作为流动度初始值；上述搅拌合测量过程应在 6min 内完成（图 4-4）。

h. 将玻璃板上的浆体装入搅拌锅内，并采取防止浆体水分蒸发的措施。自加水拌合起 30min 时，将搅拌锅内浆体按 c～f 步骤试验，测定结果作为流动度 30min 保留值。

（3）抗压强度

① 抗压强度试验应符合下列规定：

a. 抗压强度试验试件应采用尺寸为 40mm×40mm×160mm 的棱柱体；

b. 抗压强度试验应按现行国家标准《水泥胶砂强度检验方法（ISO 法）》GB/T 17671 中的有关规定执行。

② 抗压强度试验应按下列步骤进行：

a. 称取 1800g 水泥基灌浆材料，精确至 5g；按照产品设计（说明书）要求的用水量称量拌合用水，精确至 1g；

b. 按照《水泥胶砂强度检验方法（ISO 法）》GB/T 17671 附录 A 的有关规定拌合水泥基灌浆材料；

c. 将浆体灌入试模，至浆体与试模的上边缘平齐，成型过程中不得振动试模。应在 6min 内完成搅拌合成型过程（图 4-5），浇筑完成后应立刻覆盖；

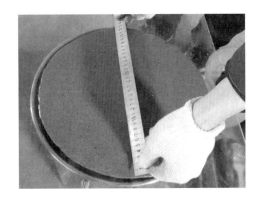 

图 4-4　浆体最大扩散值测量　　　　图 4-5　灌浆料检测试块制作

d. 将装有浆体的试模在成型室内静置 2h 后移入养护箱；

e. 抗压强度的试验应按现行国家标准《水泥胶砂强度检验方法（ISO 法）》GB/T 17671 中的有关规定执行。

（4）竖向膨胀率

竖向膨胀率试验方法包括竖向膨胀率接触式测量法和竖向膨胀率非接触式测量法。竖向膨胀率装置见图 4-6。

① 竖向膨胀率接触式测量法基本要求：

测试仪器工具应符合下列要求：

a. 千分表：量程 10mm；

b. 千分表架：磁力表架；

c. 玻璃板：长 140mm×宽 80mm×厚 5mm；

d. 试模：100mm×100mm×100mm 立方体试模的拼装缝应填入黄油，不得漏水；

e. 铲勺：宽 60mm，长 160mm；

f. 捣板：可用钢锯条代替；

g. 钢垫板：长 250mm×宽 250mm×厚 15mm 普通钢板。

② 仪表安装应符合下列要求：

a. 钢垫板：表面平整，水平放置在工作台上，水平度不应超过 0.02；

b. 试模：放置在钢垫板上，不可摇动；

c. 玻璃板：平放在试模中间位置，其左右两边与试模内侧边留出 10mm 空隙；

d. 千分表架固定在钢垫板上，尽量靠近试模，缩短横杆悬臂长度；

e. 千分表：千分表与千分表架卡头固定牢靠，但表杆能够自由升降。安装千分表时，要下压表头，使表针指到量程的 1/2 处左右。千分表不可前后左右倾斜。

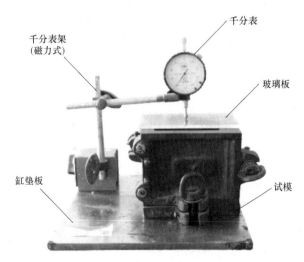

图 4-6　竖向膨胀率装置示意图

③ 竖向膨胀率接触式测量法测量竖向膨胀率的试验步骤如下：

a. 按《水泥胶砂强度检验方法（ISO 法）》GB/T 17671 附录 A 的有关规定拌合水泥基灌浆材料；

b. 将玻璃板平放在试模中间位置，并轻轻压住玻璃板，拌合料一次性从一侧倒满试模，至另一侧溢出并高于试模边缘约 2mm；

c. 用湿棉丝覆盖玻璃板两侧的浆体；

d. 把千分表测量头垂直放在玻璃板中央，并安装牢固。在 30s 内读取千分表初始读数 h_0；成型过程应在搅拌结束后 5min 内完成；

e. 自加水拌合时起分别于 3h±5min 和 24h±15min 读取千分表的读数 h_t。整个测量过程中应保持棉丝湿润，装置不得受振动。成型养护温度均为 20±2℃。

④ 竖向膨胀率接触式测量法计算公式如下：

$$\varepsilon_1 = \frac{h_t - h_0}{h} \times 100\% \tag{4-1}$$

式中　ε_1——竖向膨胀率；

　　　h_0——试件高度的初始读数，单位为毫米（mm）；

　　　h_t——试件龄期为 t 时的高度读数，单位为毫米（mm）；

　　　h——试件基准高度 100，单位为毫米（mm）。

注：试验结果取一组三个试件的算术平均值，计算精确至 1×10^{-2}。

（5）竖向膨胀率非接触式测量法用测试仪器及工具应符合下列要求（图 4-7）：

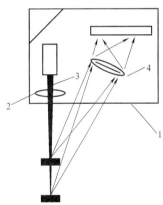

图 4-7　激光传感器测距示意图
1—激光传感器；2—激光聚焦镜；
3—激光；4—物镜

① 激光发射系统及数据采集系统，测试精度不应低于 1×10^{-3}mm，量程不应小于 4mm。

② 试模：应采用边长 100mm 立方体混凝土试模，拼装缝应紧密，不得漏水。

③ 竖向膨胀率非接触式测量法试验步骤：

a. 试验应在温度为 20±2℃的恒温条件下进行；

b. 浇筑前在试模内部距底部 98mm 处画出基准线，然后将拌合好的灌浆料一次性倒至刻度线处，在浆体表面中间位置放置一个激光反射薄片，然后在浆体表面覆盖一层保鲜膜并紧贴浆体上表面；

c. 将试模放置在激光测量探头的正下方，并按仪器的使用要求操作；

d. 拌合后 5min 内完成操作，并开始测量，记录 3h 和 24h 的读数；

e. 当有特殊要求时，应按要求时间读取读数；

f. 测量过程不得振动、接触或移动试件和测试仪器。

④ 竖向膨胀率非接触式测量法计算公式：

竖向膨胀率非接触式测量法应按式（4-1）计算。

（6）自干燥收缩

本方法适用于测定套筒灌浆料的自干燥收缩值。

① 自干燥收缩试验宜使用下列仪器：

a. 测长仪测量精度为 0.001mm；

b. 收缩头：应由黄铜或不锈钢加工而成（图 4-8）；

c. 试模：应采用 40mm×40mm×160mm 棱柱体，且在试模的两个端面中心各开一个 6.5mm 的孔洞。

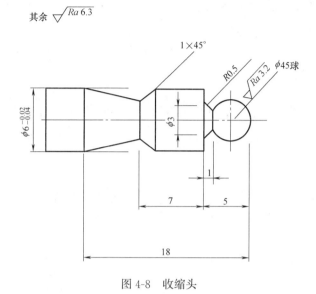

图 4-8　收缩头

② 自干燥收缩试验应按下列步骤进行：

a. 应将收缩头固定在试模两端的孔洞中，收缩头埋入浆体长度应为 10±1mm，端头露出试件端面 8±1mm；

b. 应将拌合好的浆体直接灌入试模，浆体应与试模的上边缘平齐。浇筑后立刻覆盖。从搅拌开始计时到成型结束，应在 6min 内完成，然后带模置于标准养护条件下（温度为 20±2℃，相对湿度大于等于 90%）养护至 20±0.5h 后方可拆模，拆模后用不少于两层塑料薄膜将试块完全包裹，然后用铝箔贴将带塑料薄膜的试块包裹，并编号，标明测试方向；

c. 将试块移入温度 20±2℃ 的试验室中预置 4h，按标明的测试方向立即测定试件的初始长度。测定前应先用标准杆调整测长仪的原点；

d. 测定初始长度后，将试件置于温度 20±2℃、相对湿度为 60%±5% 的试验室内，然后在第 28d 测定试件的长度。

③ 自干燥收缩值应按下式计算：

$$\varepsilon = \frac{L_0 - L_{28}}{L - L_d} \times 100\%$$　（4-2）

式中　ε——28d 的试件自干燥收缩值；

L_0——试件成型 1d 后的长度即初始长度（mm）；

L——试件长度 160mm；

L_d——两个收缩头埋入浆体中长度之和，即 20±2mm；

L_{28}——28d 时试件的实测长度（mm）。

④ 自干燥收缩值试验结果应按下列要求确定：

a. 应取三个试件测值的算术平均值作为自干燥收缩值，计算精确至 1×10^{-6} mm；

b. 当单个试件测值与平均值偏差大于 20% 时，应剔除；

c. 当有两个试件测值与平均值偏差大于 20% 时，该组试件结果无效。

（7）氯离子含量

氯离子含量试验应按现行国家标准《混凝土外加剂匀质性试验方法》GB/T 8077 执行。

（8）泌水率

泌水率试验应按现行国家标准《普通混凝土拌合物性能试验方法标准》GB/T 50080 执行。

3. 检验规则

（1）出厂检验

产品出厂时应进行出厂检验，出厂检验项目应包括初始流动度、30min 流动度，1d、3d、28d 抗压强度，竖向膨胀率，竖向膨胀率的差值、泌水率。

（2）型式检验

型式检验项目应包括本书 4.2 节中全部检测项目。有下列情形之一时，应进行型式检验：

① 新产品的定型鉴定；

② 正式生产后如材料及工艺有较大变动，有可能影响产品质量时；

③ 停产半年以上恢复生产时；

④ 型式检验超过一年时。

（3）组批规则

① 在 15d 内生产的同配方、同批号原材料的产品应以 50t 作为一生产批号，不足 50t 也应作为一生产批号。

② 取样方法应按现行国家标准《水泥取样方法》GB 12573 的有关规定进行。

③ 取样应有代表性，可从多个部位取等量样品，样品总量不应少于 30kg。

（4）判定规则

出厂检验和型式检验若有一项指标不符合要求，应从同一批次产品中重新取样，对所有项目进行复检。复检合格判定为合格品；复检不合格判定为不合格品。

4. 交货

（1）交货时生产厂家应提供产品合格证、使用说明书和产品质量检测报告。

（2）交货时，质量验收方法由买卖双方商定，并在合同或协议中注明。

4.4 贮存环境

（1）产品运输和贮存时不应受潮和混入杂物。

（2）产品应贮存于通风、干燥、阴凉处，运输过程中应注意避免阳光长时间照射。

（3）出现结块等现象须经过检测合格后方可使用（图 4-9）。

图 4-9　灌浆料的贮存环境

4.5　包装与标识

（1）套筒灌浆料一般采用防潮袋（筒）包装。

（2）每袋（筒）净质量一般为 25kg，且不应小于标志质量的 99%。

（3）随机抽取 40 袋（筒）25kg 包装的产品，其总净质量不应少于 1000kg。

（4）包装袋（筒）上应标明产品名称、型号、净质量、使用要点、生产厂家（包括单位地址、电话）、生产批号、生产日期、保质期等内容。

第**5**章

钢筋套筒灌浆连接接头

5.1 接头试件制作要求

1. 接头基本要求

灌浆套筒应符合现行行业标准《钢筋连接用灌浆套筒》JG/T 398 的有关规定。套筒灌浆连接的钢筋应采用符合国家标准的带肋钢筋。灌浆套筒灌浆端用于钢筋锚固的深度不宜小于插入钢筋公称直径的 8 倍（图 5-1）。

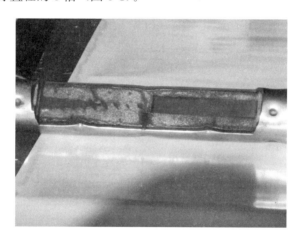

图 5-1 接头试件剖面图

2. 接头强度要求

（1）套筒灌浆接头应满足强度和变形性能要求，钢筋套筒灌浆连接接头的抗拉强度不应小于连接钢筋抗拉强度标准值，且破坏时应断于接头外钢筋（图 5-2）。

图 5-2 套筒灌浆接头

（2）钢筋套筒灌浆连接接头的屈服强度不应小于连接钢筋屈服强度标准值。

（3）套筒灌浆连接接头应能经受规定的高应力和大变形反复拉压循环检验，且在经历拉压循环后，其抗拉强度仍应符合现行行业标准《钢筋套筒灌浆连接应用技术规程》JGJ 355 第 3.2.2 条的规定。

（4）套筒灌浆连接接头单向拉伸、高应力反复拉压、大变形反复拉压试验加载过程中，当接头拉力达到连接钢筋抗拉荷载标准值的 1.15 倍而未发生破坏时，应判为抗拉强度合格，可停止试验；当接头极限拉力超过连接钢筋抗拉荷载标准值的 1.15 倍，无论发生何种破坏均可判为抗拉强度合格。

（5）套筒灌浆连接接头的变形性能应符合本书表 2-2 的规定。当频遇荷载组合下，构件中钢筋应力高于钢筋屈服强度标准值 f_{yk} 的 0.6 倍时，设计单位可对单向拉伸残余变形的加载峰值 u_0 提出调整要求。

3. 接头制作要求

灌浆套筒接头应采用与连接钢筋牌号、直径配套的灌浆套筒，连接钢筋的强度等级不应大于灌浆套筒规定的连接钢筋强度等级，工程中连接钢筋的规格和套筒规格要匹配使用，不允许套筒规格小于连接钢筋规格，但允许套筒规格比连接钢筋规格大一级使用。

不同直径的钢筋连接时，按灌浆套筒灌浆端用于钢筋锚固的深度要求确定钢筋锚固长度，即用直径规格 20mm 的灌浆套筒连接直径 18mm 的钢筋时，如灌浆套筒的设计锚固深度为 8 倍钢筋直径，则直径 18mm 的钢筋应按 160mm 的锚固长度考虑，而不是 144mm。

5.2 接头型式检验要求

1. 型式检验的情况

属于下列情况时，应进行接头型式检验：

（1）确定接头性能时；

（2）灌浆套筒材料、工艺、结构改动时；

（3）灌浆料型号、成分改动时；

（4）钢筋强度等级、肋形发生变化时；

（5）型式检验报告超过 4 年时。

当使用中灌浆套筒的材料、工艺、结构（包括形状、尺寸），或者灌浆料的型号、成分（指影响强度和膨胀性的主要成分）改动，可能会影响套筒灌浆连接接头的性能，应再次进行型式检验。现行国家标准《钢筋混凝土用钢 第 2 部分：热轧带肋钢筋》GB/T 1499.2、《钢筋混凝土用余热处理钢筋》GB 13014 规定了我国热轧带肋钢筋的外形，进口钢筋的外形与我国不同，如采用进口钢筋应另行进行型式检验。

全灌浆接头与半灌浆接头，应分别进行型式检验，两种类型接头的型式检验报告不可互相替代。

对于匹配的灌浆套筒与灌浆料，型式检验报告的有效期为 4 年，超过时间后应重新进行。

2. 型式检验钢筋要求

用于型式检验的钢筋、灌浆套筒、灌浆料应符合国家现行标准《钢筋混凝土用钢 第2部分：热轧带肋钢筋》GB/T 1499.2、《钢筋混凝土用余热处理钢筋》GB 13014、《钢筋连接用灌浆套筒》JG/T 398、《钢筋连接用套筒灌浆料》JG/T 408 的规定。

3. 型式检验数量要求

（1）对中接头试件应为9个，其中3个作单向拉伸试验、3个作高应力反复拉压试验、3个作大变形反复拉压试验；

（2）偏置接头试件应为3个，作单向拉伸试验；

（3）钢筋试件应为3个，作单向拉伸试验；

（4）全部试件的钢筋均应在同一炉（批）号的1根或2根钢筋上截取。

4. 型式检验试件制作要求

用于型式检验的套筒灌浆连接接头试件、灌浆料试件应在检验单位监督下由送检单位制作，并应符合下列规定：

（1）3个偏置接头试件应保证一端钢筋插入灌浆套筒中心，一端钢筋偏置后钢筋横肋与套筒壁接触；9个对中接头试件的钢筋均应插入灌浆套筒中心；所有接头试件的钢筋应与灌浆套筒轴线重合或平行，钢筋在灌浆套筒插入深度应为灌浆套筒的设计锚固深度，不应大于套筒的设计锚固长度。

（2）接头试件灌浆：

① 灌浆料、封堵料使用前，应检查产品包装上的有效期和产品外观；

② 拌合用水应符合现行行业标准《混凝土用水标准》JGJ 63 的有关规定；

③ 加水量应按灌浆料、封堵料、坐浆料使用说明书的要求确定，并应按重量计量；

④ 灌浆料、封堵料、坐浆料拌合物宜采用电动强制式搅拌机，搅拌充分、均匀，并宜静置2min后使用；

⑤ 搅拌完成后，不得再次加水；

⑥ 每工作班应检查灌浆料拌合物初始流动度不少于1次，强度检验试件的留置数量应符合验收及施工控制要求。

（3）对于半灌浆套筒机械连接端的钢筋丝头加工应符合下列规定：

① 钢筋端部应采用带锯、砂轮锯或带圆弧形刀片的专用钢筋切断机切平。

② 镦粗头不应有与钢筋轴线相垂直的横向裂纹。

③ 钢筋丝头加工应使用水性切削液，不得使用油性润滑液。

④ 钢筋丝头长度应满足产品设计要求，极限偏差应为 $0\sim1.0p$。

⑤ 钢筋丝头宜满足6f级精度要求，应采用专用直螺纹量规检验，通规应能顺利旋入并达到要求的拧入长度，止规旋入不得超过 $3p$。各规格的自检数量不应少于10%，检验合格率不应小于95%。

⑥ 符合现行行业标准《钢筋机械连接技术规程》JGJ 107 的有关规定。

（4）采用灌浆料拌合物制作的 $40mm\times40mm\times160mm$ 试件不应少于1组，并应留设不少于2组。

（5）常温型灌浆料接头试件及灌浆料试件应在标准养护条件下养护；常温型灌浆料试件养护温度应为 $20\pm1℃$，养护室的相对湿度不应低于90%，养护水的温度应为 $20\pm1℃$。

（6）接头试件在试验前不应进行预拉。

（7）送检单位应为灌浆套筒、灌浆料生产单位，并应提供合格有效的灌浆套筒、灌浆料的型式检验报告。当灌浆套筒、灌浆料由不同生产单位生产时，送检单位可为灌浆套筒或灌浆料生产单位，但非送检单位产品应得到其生产单位的确认或许可。

（8）为保证型式检验试件真实可靠，且采用与实际应用相同的灌浆套筒、灌浆料。对半灌浆套筒连接、机械连接端钢筋丝头可由送检单位先行加工，并在型式检验单位监督下制作接头试件。接头试件灌浆与制作 40mm×40mm×160mm 试件应采用相同的灌浆料拌合物，其加水量应为灌浆料产品说明书规定的固定值，并按有关标准规定的养护条件养护。1 组为 3 个 40mm×40mm×160mm 试块。

（9）对偏置单向拉伸接头试件，偏置钢筋的横肋中心与套筒壁接触（图 5-3）。对于偏置单向拉伸接头试件的非偏置钢筋及其他接头试件的所有钢筋，均应插入灌浆套筒中心，并尽量减少误差。钢筋在灌浆套筒内的插入深度不应大于套筒设计锚固长度，插入深度只允许较设计锚固深度有负偏差，不应有正偏差。

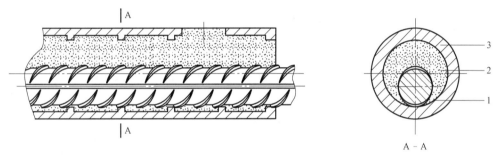

图 5-3　偏置单向拉伸接头的钢筋偏置示意图

1—在套筒内偏置的连接钢筋；2—灌浆料；3—灌浆套筒

5. 型式检验匹配要求

型式检验是针对产品的专项检验，主要目的是检验产品质量及生产能力，故本条要求送检单位应为灌浆套筒、灌浆料生产单位。考虑到接头型式检验应以合格的灌浆套筒、灌浆料为基础，要求送检单位提供合格有效的灌浆套筒、灌浆料的型式检验报告，具体可为灌浆套筒、灌浆料生产单位盖章的型式检验报告复印件。

生产单位更了解灌浆套筒、灌浆料的实际性能及产品参数与性能的变化。灌浆套筒、灌浆料由不同生产单位生产时，送检应同时得到套筒和灌浆料生产单位的确认或许可，型式检验试件材料确认单可作为型式检验报告的附件，表 5-1 的确认单格式可供参考。

型式检验试件材料确认单　　　　　　　　　　　表 5-1

送检企业名称			
送检企业联系人		联系方式	
送检企业地址			
送检试件方式	套筒灌浆接头（　）　　钢筋、套筒、灌浆料散件（　）		
送检日期			
送检试件数量			

续表

接头试件基本参数	连接件示意图(可附页)
钢筋牌号与生产企业	
灌浆套筒品牌、材料、型号	
灌浆料品牌、型号	
灌浆套筒生产企业意见	同意送检。 (盖章) 联系方式： 　　　　　　　　　年　月　日
灌浆料生产企业意见	同意送检。 (盖章) 联系方式： 　　　　　　　　　年　月　日

第**6**章

灌浆施工对构件制作与施工作业面要求

6.1 预制构件制作要求

1. 套筒在模具中的安装要求

预制构件中灌浆套筒、外伸钢筋的位置、尺寸的偏差直接影响构件安装及灌浆施工，钢筋安装时，应将其固定在模具上，灌浆套筒与柱底、墙底模板应垂直，应采用橡胶环及螺杆等固定件固定套筒，避免混凝土浇筑、振捣时灌浆套筒和连接钢筋移位（图 6-1）。

图 6-1 全灌浆套筒固定方式示意图

为确保钢筋套筒在构件中的安装位置正确，除端部用连接件与模板固定外，另一自由端也应用钢筋托架（定位马镫）固定牢固，防止预制墙板或柱平放制作时套筒下垂导致倾斜移位，造成安装时预留钢筋无法插入套筒（图 6-2）。

与灌浆套筒连接的灌浆管及出浆管应定位准确、安装稳固，出浆管及灌浆管在构件上的出口位置应考虑灌浆方便，管子弯折角度不能过小，否则会导致灌浆困难。安装时应采取封堵措施防止混凝土浇捣时污水、混凝土浆料进入灌浆套筒内。全灌浆套筒预制端应有配套橡胶密封圈封堵套筒与钢筋之间的间隙，灌浆孔、出浆孔及钢筋另一端的钢筋插入口也应封堵，以防止预制构件混凝土浇捣时砂浆及污水进入套筒内部（图 6-3）。

对外伸钢筋及灌浆套筒口部等均应采取包裹、封

图 6-2 钢套筒下侧加设定位马镫

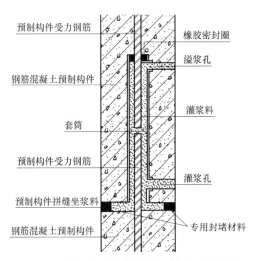

图 6-3　受力钢筋全灌浆套筒连接构造示意图

盖措施加以保护，避免污染并防止杂物进入套筒内部。

2. 套筒及外伸钢筋定位要求

钢筋套筒灌浆连接是装配整体式混凝土结构施工重要环节，为保证接头连接灌浆施工质量，在构件制作过程应在模具中设置定位架等措施保证外伸钢筋的位置、长度和顺直度，并避免污染钢筋。除外伸钢筋外侧工装定位架（图 6-4），其内侧也应设置相应的支架进行固定。

图 6-4　预制构件外伸钢筋固定工装架

为确保预制构件外伸钢筋根部位置准确，可采用套筒固定件（图 6-5）进行定位。

浇捣混凝土前，应进行隐蔽检查。隐蔽检查应包括下列内容：

（1）纵向受力钢筋的牌号、规格、数量及位置；

（2）套筒的型号、数量、位置及灌浆孔、出浆孔、排气孔的位置；

（3）钢筋的连接方式、接头位置、接头质量、接头位置百分率、搭接长度、锚固方式及长度；

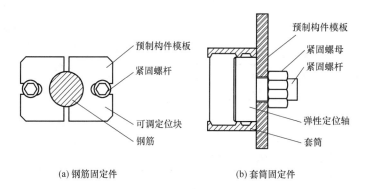

(a) 钢筋固定件　　　　　　(b) 套筒固定件

图 6-5　钢筋及套筒固定件

（4）箍筋、分布钢筋的牌号、规格、数量、间距、位置，箍筋弯钩的弯折角度及平直段长度；

（5）预埋件的规格、数量及位置。

上海市工程建设规范《装配整体式混凝土结构预制构件制作与质量检验规程》DGJ 08—2069—2016 对预制构件尺寸允许偏差及检验方法作出了以下规定（表 6-1）。

预制构件尺寸允许偏差及检验方法　　　　　　表 6-1

项目			允许偏差(mm)	检查方法
长度	板、梁、柱、桁架	＜12m	±5	尺量检查
		≥12m 且＜18m	±10	
		≥18m	±20	
宽度、高(厚)度	板、梁、柱、桁架截面尺寸		±5	钢尺量一端及中部,取其中偏差绝对值较大处
	墙板的高度、厚度		±3	
表面平整度	梁、板、柱、墙板内表面		5	2m靠尺和塞尺检查
	墙板外表面		3	
侧向弯曲	板、梁、柱		$L/750$ 且≤20	拉线、钢尺量最大侧向弯曲处
	墙板、桁架		$L/1000$ 且≤20	
翘曲	板		$L/750$	调平尺在两端量测
	墙板		$L/1000$	
对角线差	板		10	钢尺量两个对角线
	墙板、门窗口		5	
挠度变形	梁、板、桁架设计起拱		±10	拉线、钢尺量最大弯曲处
	梁、板、桁架下垂		0	
预留孔	中心线位置		5	尺量检查
	孔尺寸		±5	
预留洞	中心线位置		5	尺量检查
	洞口尺寸、深度		±5	
门窗口	中心线位置		5	尺量检查

45

续表

项目		允许偏差(mm)	检查方法
预埋件	预埋件钢筋锚固板中心线位置	5	尺量检查
	预埋件钢筋锚固板与混凝土面平面高差	0,-5	
	预埋螺栓中心线位置	2	
	预埋螺栓外露长度	±5	
	预埋套筒、螺母中心线位置	2	
	预埋套筒、螺母与混凝土面高差	0,-5	
	线管、电盒、木砖、吊环在构件平面的中心线位置偏差	20	
	线管、电盒、木砖、吊环在构件表面混凝土高差	0,-10	
预留插筋	中心线位置	3	尺量检查
	外伸长度	+5,0	
键槽	中心线位置	5	尺量检查
	长度、宽度、深度	±5	

注：L 为构件长边的长度。

根据《装配整体式混凝土结构预制构件制作与质量检验规程》DGJ 08—2069—2016 规定，预制构件灌浆套筒中心位置允许偏差为 2mm；外伸钢筋中心位置允许偏差为 3mm；外伸钢筋长度允许偏差为 0～5mm。为确保钢筋在套筒内的长度，要求预制构件外伸钢筋长度不允许有负偏差，且预留钢筋端部应平直，切口应与轴线垂直，故建议采用砂轮锯或专用剪切机下料。

预制构件制作及运输过程中，应对外伸钢筋及灌浆套筒孔道等采取包裹、封盖等措施加以保护。

3. 套筒、灌浆孔与出浆孔的通孔检查要求

预制构件出厂前，应对灌浆套筒的灌浆孔和出浆孔进行透光及吹气检查，并清理灌浆套筒内的杂物，确保灌浆孔与出浆孔及套筒内部通畅，不会出现堵塞现象，如发现问题应及时进行修整（图 6-6、图 6-7）。

图 6-6　手电筒透光通孔检查

图 6-7　吹风机吹气进行通孔检查修整

预制构件进场后施工单位应对构件灌浆套筒进行通孔验收，在灌浆前还应对已安装构件的灌浆套筒进行通孔检查，确保灌浆通道畅通无阻。检查方法有用手电筒光照射孔道，压力空气吹孔道及灌水检查等，每个孔道检查畅通后应作标记和记录。孔道不通畅必将影响灌浆饱满度，必须引起足够重视，认真做好逐个通孔检查。半灌浆套筒可用光照肉眼观察，或采用钢棒探查，弯曲管路可进行灌水，以出水状况判断是否通畅，全灌浆套筒宜用专用检具进行检查（图 6-8～图 6-12）。

图 6-8　灌浆套筒内部探入长度检查

图 6-9　底部通孔检查并作记录

图 6-10　混凝土柱安装封堵后作吹气通孔检查

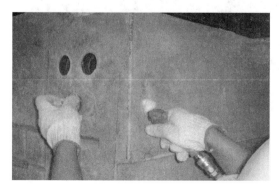

图 6-11　高压空气检查通孔 1

图 6-12　高压空气检查通孔 2

4. 预制构件粗糙面设置要求

预制剪力墙的顶面、底面和侧面与后浇混凝土的结合面均应设置粗糙面或剪力槽，粗糙面面积占比不宜小于结合面的 80％，预制剪力墙的粗糙面凹凸深度不应小于 6mm。目前有部分预制剪力墙端部粗糙面因做法不当，导致其深度或者面积占比达不到规定要求（图 6-13、图 6-14）。

图 6-13　花纹钢板形成粗糙面深度不足　　　　图 6-14　板侧粗糙面面积占比不足

从行业现状来看，高压水洗处理或贴塑膜是加工预制构件粗糙面比较可行的方法（图 6-15、图 6-16）。已加工完成的预制构件，当其粗糙面达不到要求时，可以采取后期凿毛的方法进行补救整改。

图 6-15　高压水洗粗糙面　　　　　　　　　图 6-16　贴塑模粗糙面

5. 预制柱底部抗剪槽设置要求

预制柱底部需设置抗剪槽，抗剪槽通常成"米"字状（图 6-17），中心位置设排气孔，灌浆时空气通过设置在柱侧面的高位排气孔排出。

图 6-17　预制柱底部设置"米"字状抗剪槽

6. 预制构件验收要求

包含灌浆套筒的预制构件在生产之前必须进行接头工艺检验，并应符合下列规定：

（1）灌浆套筒埋入预制构件时，工艺检验应在预制构件生产前进行；

（2）工艺检验应模拟施工条件制作接头试件，并按接头提供单位提供的施工操作要求进行；

（3）每种规格钢筋应制作 3 个对中套筒灌浆连接接头，并应检查灌浆质量；

（4）采用灌浆料拌合物制作的 40mm×40mm×160mm 试件不少于 1 组；

（5）接头试件及灌浆料试件应在标准养护条件下养护 28d；

（6）每个接头试件的抗拉强度、屈服强度和 3 个接头试件残余变形的平均值应符合现行行业标准《钢筋套筒灌浆连接应用技术规程》JGJ 355 的规定；灌浆料抗压强度应符合上述规程中规定的 28d 强度要求。

接头工艺检验合格后，灌浆套筒方可批量使用。灌浆套筒批量进厂时，应抽取套筒进行外观质量、标识和尺寸偏差等的检验，检验结果应符合现行行业标准《钢筋连接用灌浆套筒》JG/T 398 及《钢筋套筒灌浆连接应用技术规程》JGJ 355 的有关规定。检查数量为同一批号、同一类型、同一规格的灌浆套筒，每个检验批数量不应大于 1000 个，每批随机抽取 10 个灌浆套筒。检验方法采用观察和尺量检查。

灌浆套筒进场时，应抽取灌浆套筒并采用与之匹配的灌浆料制作对中连接接头试件，进行接头力学性能检验，检验结果应符合规定。检验数量为同一批号、同一类型、同一规格的灌浆套筒，不超过 1000 个为一批，每批随机抽取 3 个灌浆套筒制作对中连接接头试件。

预制构件生产企业应按照有关标准规定或合同要求，对合格产品签发质量证明书，质量证明书应包括下列内容：

（1）质量证明书编号、构件编号；

（2）产品数量；

（3）构件型号；

（4）质量情况；

（5）制作单位名称、生产日期、出厂日期；

（6）检验员签名或盖章，可用检验员代号表示。

根据现行上海市工程建设标准《装配整体式混凝土结构预制构件制作与质量检验规程》DGJ 08—2069，在预制构件制作完成后应进行检查验收，不畅通的灌浆孔及出浆孔需疏通，偏位外伸钢筋需纠偏修正。一般项目应经检验合格，且不应有严重缺陷。允许偏差项目的合格率不应小于80%，允许偏差不得超过最大限值的1.5倍。

6.2 施工作业面的要求

1. 竖向预制构件预埋钢筋要求

现浇层到预埋连接钢筋位置的定位精确度直接影响其上一层预制构件预制层的转换层安装质量及钢筋套筒灌浆连接质量，故施工前应对预埋连接钢筋工作足够重视，需编制专项方案。预埋连接钢筋的定位允许偏差为3mm，预埋套筒的允许偏差为2mm，故转换层预埋连接钢筋偏差若超过5mm，预制竖向构件就可能无法顺利安装。与传统现浇施工工艺相比，预埋连接钢筋安装及施工对工艺及施工工人素质有更高的要求。预埋连接钢筋埋设时须采用专用定位套板安装，套板宜用钢板制作（图6-18、图6-19）。

图6-18 框架柱连接钢筋定位钢套板　　　图6-19 剪力墙连接钢筋定位钢套板

定位钢套板制作厚度需满足刚度要求，一般为5mm，可采用折边方式确保刚度。钢板可重复利用，开孔直径比预留插筋直径略大3mm，宜采用数控机床开孔，以确保开孔尺寸准确。为确保钢板的重复利用及方便现浇混凝土面层收光，钢套板安装高度应比现浇完成面略高30～50mm。

钢套板可以确保预留钢筋之间的相对位置准确，但不能保证绝对准确，所以钢套板的整体定位尤为重要。套板上应弹出预制柱或墙体的中心线，确保钢套板整体位置正确牢固。建议钢套板设置拉耳，可以用拉链钩住拉耳进行调整。为确保预埋钢筋的垂直度，可采用在钢套板上焊接短钢管的形式，同时也可起到保护预留钢筋外伸部分不被混凝土粘裹的作用（图6-20）。

除现浇层到预制层的转换层之外，由于标准层预制构件预埋钢筋本身就存在制作偏差，加之构件堆放、运输及吊装过程中的碰撞也会引起预留连接钢筋的偏位，所以标准层每层的竖向预制构件预留连接钢筋也应在混凝土浇捣前采用定位钢套板进行定位复核并校准，满足允许偏差 3mm 后才能浇筑混凝土。

因抗震要求及预制装配原因，预埋连接钢筋在结构中的锚固长度一般为抗震锚固长度的 1.2 倍而不是锚固长度，根据现行行业标准《钢筋套筒灌浆连接应用技术规程》JGJ 355 第 3.1.2 条规定，套筒内用于钢筋锚固的深度不宜小于插入钢筋公称直径的 8 倍即 8D，一般楼层标高处竖向预制构件水平接缝的设计厚度为 20mm，所以预埋钢筋的总长度应不小于 $1.2L_{ae}+20+8D$（超出部

图 6-20　钢套板焊有短钢管和拉耳

分可以调整，小于此值影响接头安全且难以补救），如果有防水导墙则还应加上导墙高度。

竖向预制构件安装前，应仔细检查预留连接钢筋的规格、数量、位置和长度（图 6-21～图 6-23）。需要特别注意的是，根据《钢筋套筒灌浆连接应用技术规程》JGJ 355 规定，

图 6-21　PC 柱预留钢筋切断面平整划一

预留连接钢筋的外伸长度只允许正偏差，偏差范围为 0～+10mm，不允许有负偏差，以确保钢筋在钢套筒内的锚固长度满足规范要求。根据现行行业标准《钢筋连接用灌浆套筒》JG/T 398 的规定，钢筋套筒安装端预留有 20mm 的安装调整空间，故当连接钢筋外伸长度偏差为 0～+10mm 时，安装时钢筋不会碰触套筒内部中间挡卡，无需担心会影响预制构件现场安

装。另考虑到预埋连接钢筋在预埋时的标高控制偏差及施工影响，一般预留长度正偏差最大可至 20mm，宁长勿短，多余长度可在构件安装前统一用水准仪精平标高后划线统一切除，这样既可以保证钢筋在套筒内的锚入长度又可以确保预留连接钢筋在同一标高上。另外普通钢筋的切断面一般为毛口，安装前统一切平会使钢筋更加容易插入钢套筒内，确保预制构件安装精度。

图 6-22　外伸钢筋长度检查

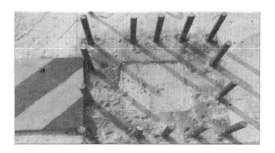

图 6-23　柱连接外伸钢筋统一切割平整

2. 现浇层到预制层的转换层楼面标高及垫块放置要求

现行行业标准《装配式混凝土结构技术规程》JGJ 1 规定，预制墙、柱底部接缝高度允许偏差为±5mm，故设计 20mm 高的水平接缝实际允许安装高度应该控制在 15～

25mm 之间，相比传统现浇结构更为严格。由于目前预制墙、柱钢筋套筒连接普遍采用连通腔灌浆方式施工，灌浆作业前需要采用专用封堵料封堵墙及柱水平接缝四周，使之与灌浆套筒内部形成封闭空间，灌浆时灌浆料先由灌浆孔流淌填满水平缝，然后在压力作用下进入套筒内部。如果预制墙柱底部接缝高度偏差控制不当，可能会引起接缝过于狭窄而导致灌浆料无法通过，造成连通腔灌浆失败（图 6-24）。

现浇楼层混凝土浇筑时应严格控制楼层现浇混凝土完成面的标高，避免现浇面过高而影响预制构件安装及灌浆施工。现场操作时建议在预制墙或柱预埋钢筋上用油漆标记现浇面标高控制线，混凝土浇筑施工前对施工班组做好

图 6-24 预制墙板下接缝高度过小

施工技术要点交底，严控现浇面标高，及时清除超高的混凝土。对于已经完成浇筑的混凝土，在灌浆前应仔细检查接缝高度，小于 15mm 的过小板缝一律通过凿除过高混凝土进行整改。板缝过小可能导致无法灌浆及打胶，影响结构安全，同时会导致外墙渗漏。

预制柱、墙安装前，应在预制构件及其支撑构件间设置垫片，宜采用钢制垫片，有利于均匀受力并调整构件底部标高。标高垫块不能离预制构件伸出的钢筋过近，一般要求相距 40mm 以上，如过近将堵住套筒的灌浆通道，影响灌浆密实，同时如外墙板外侧需打胶时，为确保打胶厚度，垫块离外墙边线至少 15mm。

3. 竖向预制构件底部现浇混凝土粗糙面要求

按现行国家标准《装配式混凝土建筑技术标准》GB/T 51231 第 5.7.7 条要求，预制构件接缝处后浇混凝土表面应设置粗糙面，以提高结合面的整体性、密实性及接缝抗剪承载力，粗糙面凹凸深度不宜小于 4mm，面积不宜小于 80％（图 6-25）。

图 6-25 现浇楼层混凝土表面的粗糙面处理

4. 外伸钢筋表面清理保护要求

钢筋套管灌浆连接是通过高强灌浆料来连接钢筋与套筒完成传力，高强灌浆料28d抗压强度要求达到85N/mm² 以上，如果外伸钢筋表面锈蚀严重或有混凝土浆料残渣，会形成隔离层，严重影响连接效果，所以外伸钢筋的防污染和防锈保护是一个不可忽视的重要事项。

为避免混凝土浆料污染连接钢筋，在浇筑混凝土前可利用塑料纸包裹或用塑料套管套住预埋连接钢筋的外伸部分。若连接钢筋外伸部分锈蚀严重，须进行除锈处理。此外，预制构件预留钢筋也应做相应保护，出厂前应进行除锈及水泥浆料残渣清理（图6-26、图6-27）。

图6-26　剪力墙预留连接钢筋表面裹渣污染

图6-27　柱预留连接钢筋外伸部分用塑料管保护

5. 竖向预制构件连通腔灌浆封堵要求

预制填充墙外墙水平接缝需要打胶处理或预制外墙带有夹心保温墙层时，水平接缝外侧需要用密封PE条在构件吊装时进行封堵，PE条高度应大于拼缝高度5mm以上，且还要有一定的强度，能在灌浆时承受一定压力而不变形。为确保PE条定位准确，保证外侧打胶厚度不小于10mm且不应占用过多接缝面积（占用面积过多将影响接缝受力），应采用双面胶条把PE条粘贴固定在接缝混凝土表面。若

图6-28　PE条偏移过大且未固定

接缝混凝土表面有浮灰，粘贴前应清理干净，必要时也可用水清洗干燥后粘贴。PE条宽度一般不宜超过20mm（图6-28～图6-30）。图6-28中预制剪力墙板封堵所采用的PE条影响剪力墙截面受力且未固定，易产生漏浆问题。预制剪力墙为防止减少剪力墙受力截面，水平缝封堵不得采用PE条，预制填充外墙及预制夹心外页墙板可用PE条进行封堵，图6-28所示PE条未用胶带固定不符合要求，图6-29所示PE条采用双面胶带固定符合要求。

预制墙板灌浆缝封堵不正确容易引起渗漏，图6-30所示用PE条封堵预制外墙板端部缝的做法易形成外墙渗水通道，产生渗水隐患，是错误做法，该端部应用封堵料进行封堵。

密封条应不吸水，以避免灌浆时吸收灌浆料水分。方形密封条相比圆形密封条更利于

图 6-29　PE 条采用双面胶带粘贴牢固

图 6-30　预制构件端部不应采用 PE 条密封

接缝压实。

现行行业标准《钢筋套筒灌浆连接应用技术规程》JGJ 355 第 6.3.6 条第 2 款规定，采用连通腔灌浆时，灌浆施工前应对各连通灌浆区域进行封堵，且封堵材料不应减小结合面的设计承载面积。当预制剪力墙或预制混凝土柱水平接缝四周用普通砂浆封堵时，由于其强度达不到剪力墙及预制柱的混凝土强度，会导致预制剪力墙、柱接缝处承载力削弱，此外普通砂浆没有微膨胀特性且粘结力较差，会导致封堵不严实或强度不足，造成接缝灌浆施工失败。故普通水泥砂浆不能用作预制剪力墙、柱水平接缝的封堵料，应采用专用封堵料。一般情况下，专用封堵料硬化后的抗压强度应比预制构件强度高一级以上。预制填充墙螺纹盲孔灌浆如果采用连通腔灌浆施工方案，也宜采用专用封堵料。

在同层预制构件安装、现浇构件钢筋绑扎及支模完成，现浇混凝土浇筑前就进行的灌浆施工称之为先灌浆施工法。先灌浆施工法可以提前拆除斜撑，可有效提高斜撑周转效率，同时可以使预制结构提早参与结构受力，有利于提高整体结构强度及稳定性。现行行业标准《钢筋套筒灌浆连接应用技术规程》JGJ 355 第 6.3.11 条规定：当灌浆料同条件养护试件抗压强度达到 35N/mm^2 后，方可进行对接头有扰动的后续施工；临时固定措施的拆除应在灌浆料抗压强度能确保结构达到后续施工要求后进行。由于高强灌浆料一天的抗压强度指标应大于 35N/mm^2 以上，也即是说灌浆 24h 后即可进行梁钢筋矫正、支模敲打等后续有扰动的施工。在此情况下，先灌浆施工法的时间相对紧张，为加快施工进度，需及时为灌浆创造作业面，以确保灌浆在楼层搭设支撑架前完成。灌浆作业一般需在接缝密封完成 24h 之后，即封堵料达到一定的强度后方能进行。为节约工期，封堵料应该具有早强、高强、无收缩及与混凝土粘结强度高等特性。常用封堵料应具备的性能参考图 6-31。

现行行业标准《钢筋套筒灌浆连接应用技术规程》JGJ 355 第 6.3.5 条规定灌浆施工方式及构件安装应符合下列规定：

（1）钢筋水平连接时，灌浆套筒应各自独立灌浆。

（2）竖向构件宜采用连通腔灌浆，并应合理划分连通灌浆区域；每个区域除预留灌浆孔、出浆孔与排气孔外，应形成密闭空腔，不应漏浆；连通灌浆区任意两个灌浆套筒内距离不宜超过 1.5m。

可见，现行行业标准明确了常用的连通腔灌浆方式，即安装接缝与灌浆套筒灌浆连通同时进行（图 6-32）。采用此方式时，首先要求连通腔密闭不渗漏，其次要分仓处理，单

密封砂浆检验项目		性能指标	LWB检测报告结果
下垂度	mm（90s）	≤20	1
侧向变形度	%（90s）	≤5	3.2
抗压强度（MPa）	1d	≥15	28.1
			56.5
	28d	≥50	74.8
粘结强度	MPa	≥0.5	1.0
竖向自由膨胀率	%（24h）	0.01～0.5	0.08
泌水率	%	0	0

图 6-31　利物宝公司封堵料技术性能指标

连通腔两个套筒之间的距离应不大于 1.5m。

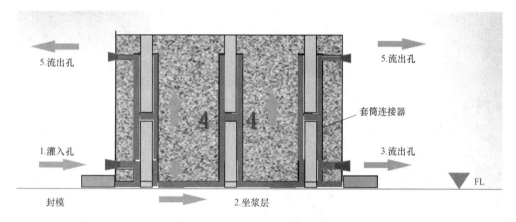

图 6-32　连通腔灌浆示意图

接缝封堵时封堵料进入接缝深度一般不超过 20mm，封缝过深会减少灌浆截面，容易阻塞灌浆通道且影响受力，所以封堵时可用 L 形钢条或塑料棒作移动模具及定位工具来控制内部尺寸，确保深度适中（图 6-33、图 6-34）。

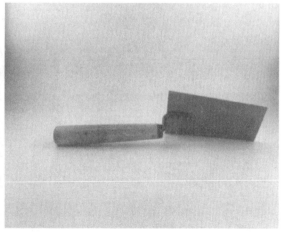

图 6-33　封缝专用工具

接缝封堵时沿预制柱、墙外侧下端接缝向接缝内填入封堵料，并用抹刀刮平。局部封堵完成后，轻轻抽动钢条沿柱、墙底边向另一端移动，直至柱、墙另一端接缝也被封堵，最后捏住工具柄略微转动角度轻轻抽出即可完成接缝封堵。

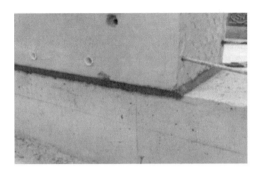

图 6-34　预制墙板封缝示例

图 6-35　柱灌浆封缝采用木方抱箍加固示例

图 6-36　伸缩缝处封缝处理图

对于预制柱灌浆前的封堵，必要时可在封堵料外加设角钢或木方进行加固，以提高封堵料在灌浆时的承压能力，防止灌浆时爆仓，见图 6-35。

装配式建筑伸缩缝或沉降缝两侧预制构件接缝封堵处理要求：一般伸缩缝及沉降缝间隙只有约 100mm 宽，不能像其他预制构件一样全部吊装后再进行接缝封堵，必须在一侧预制墙板吊装后先用封堵料进行封堵，另一侧预制墙板在吊装前用封堵料在接缝外沿堆砌出约 20mm 宽坐浆层后再进行吊装（图 6-36）。

第**7**章

灌浆施工工器具

7.1 称量搅拌器具

1. 量桶/杯

灌浆料水灰配比水称量宜采用有刻度的量水工具，如量筒/杯（图 7-1）。

2. 电子秤

灌浆料水灰配比灰称量宜采用精度较高的称量工具，如电子秤（图 7-2）。

3. 搅拌容器

灌浆料搅拌容器宜采用大容量不锈钢桶（图 7-3），减少粉尘飞溅，降低施工环境污染。

图 7-1 量筒/杯

图 7-2 电子秤

图 7-3 不锈钢桶

7.2 制作试件模具

1. 玻璃板

流动度试验用玻璃板规格宜选用 500mm×500mm（图 7-4）。

2. 截锥模

流动度测试应使用截锥模（图 7-5），试验时应将模具大口朝下放置在玻璃板上，注入灌浆料并刮平后徐徐提起，使其充分流动。

图 7-4 流动度试验玻璃板

3. 灌浆料试块三联模

灌浆料试块三联模有两种常见材质：钢片与 PVC 塑料，钢片三联模制作的灌浆料试块性能相对稳定，正负公差在要求范围内。不建议使用 PVC 塑料三联模，多个项目工地及检测单位反映其易受灌浆料强度变化及体积膨胀影响，造成塑料三联模变形，导致同组灌浆料试块强度误差较大，影响试验数据的有效性判定。长条三联模用于灌浆料强度检测，规格为 $40mm \times 40mm \times 160mm$，方块三联模用于坐浆料强度检测（图 7-6）。

图 7-5 截锥模

图 7-6 试验用钢片三联模

7.3 搅拌灌浆设备

1. 灌浆机

目前在工程中使用较多的灌浆机主要有螺杆式灌浆机（图 7-7）与挤压式灌浆机。灌浆机使用前，建议先将枪嘴取下，倒入灌浆料待其正常流动后再将枪嘴接上正常使用。灌浆软管建议采用外附线圈绑扎加固的 PVC 管，以方便观察灌浆情况并方便清洗，黑色橡胶硬管容易开裂吸水，会造成灌浆料水分流失，影响灌浆效率及灌浆质量。灌浆机在每次使用完后需及时清洗，灌浆料凝固之后强度较大，及时清洗以防损坏灌浆机。

图 7-7 螺杆式灌浆机

2. 搅拌器/搅拌机

灌浆料搅拌器宜选用双螺旋式刀头搅拌机，使灌浆料充分搅拌（图 7-8）。

3. 手持灌浆器

手持灌浆器宜选用圆头灌浆器，可用于补灌施工（图 7-9）。

图 7-8　双螺旋刀头搅拌机

图 7-9　圆头灌浆器

7.4　辅助工器具

1. 喷雾壶

为保持灌浆接触面湿润，宜选用喷雾壶进行喷雾，不得出现明水或积水（图 7-10）。

2. 卷尺

卷尺可用于进行现场钢筋垂直方向及水平方向的位置校准，钢筋位置偏离较严重时，需要求总包相关技术人员调整方案并安排合理施工。

3. 鼓风机

宜采用鼓风机清理接触面的灰渣及石子，在灌浆过程中，小石子混入灌浆料成型后因强度差距较大，容易造成灌浆料的开裂，从而影响钢筋接头连接质量，在封堵及灌浆前，应确保接触面已做好清洁工作。

图 7-10　喷雾壶

4. 堵孔胶塞

每个套筒需要配备一套（两只）封堵胶塞，出浆孔处封堵胶塞可用饱满度检测器代替。

5. 其他工具

现场需要配备三级电箱、刮刀、抹刀、料铲等。

第**8**章

连通腔灌浆施工工艺与操作步骤

8.1 边界封堵作业

封堵作业具体步骤如下：

（1）灌浆前应使用鼓风机清理灌浆水平接缝中的杂物。

（2）应用鼓风机或手电筒对每一个套筒以及灌浆孔和出浆孔进行清理并进行通透性检查（图 8-1）。

图 8-1 灌浆孔和出浆口的清理及通透性检查

（3）对套筒进行编号，检查封堵材料的外包装是否完好，并检查生产日期是否在保质期内（图 8-2）。

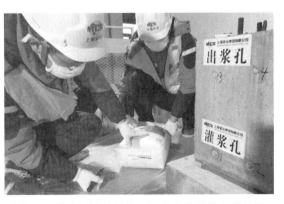

图 8-2 检查封堵材料外包装的完整性及生产日期

（4）按照产品说明书要求的用水量准确换算出单次搅拌需要用水的重量。

（5）用电子秤精确称量搅拌用水。

（6）封堵材料搅拌宜使用不锈钢桶，禁止使用铝桶。搅拌时，先将称量好的搅拌用水倒入搅拌桶内，再倒入粉料进行搅拌，直至搅拌均匀，搅拌好的封堵材料不应有结块或干粉团。

（7）搅拌好的封堵材料按要求制作平行试块，以备送检。

（8）对封堵作业面进行充分润湿处理，但不应有明显积水，用抹布擦去明水。

（9）对水平缝进行封堵操作。封堵分为截面内封堵与截面外封堵两种形式。

① 如采用截面内封堵，将封堵工具深入水平缝20mm并固定，使用封堵材料按压紧实，一般封堵材料侵入水平缝的宽度不超过 20mm。接下来将水平缝封堵料表面抹平，保持与墙板齐平。封堵操作时应注意封堵材料不得堵塞灌浆套筒（图 8-3）。

② 如采用截面外封堵：将封堵工具深入水平缝，保持封堵工具与墙面齐平，在水平缝处做45°外斜倒角，并将封堵材料按压紧实，表面抹光，保证封堵的效果。制作倒角时应注意封堵材料不得侵入截面内部，也不得堵塞灌浆孔（图 8-4）。

图 8-3 截面内封堵

图 8-4 截面外封堵

（10）封堵操作完成后，对封堵材料表面进行喷雾养护，并用薄膜覆盖，尽量保证封堵材料不被阳光直接晒到（图 8-5）。

图 8-5 对封堵材料表面进行喷雾养护

8.2 灌浆施工作业

图 8-6　灌浆所需工具示例

典型套筒灌浆施工具体步骤如下：

（1）灌浆前准备好灌浆机、套筒灌浆料、搅拌机、搅拌桶、天平、试模、流动度测定仪、接头平行试件等工具（图 8-6）。

（2）对灌浆机、搅拌机、称量设备等进行调试，保证设备正常工作，并对灌浆机进行润湿。

（3）用鼓风机或手电筒对每一个套筒的灌浆孔和出浆口进行清理，并进行通透性检查。对灌浆孔及出浆孔进行编号，并对孔洞进行湿润（图 8-7）。

图 8-7　出浆孔清理、通透性检查及编号

（4）检查套筒灌浆料的外包装是否完好，并检查生产日期是否在保质期内。

（5）计算并记录所需的用水量。

（6）用电子秤精确称量搅拌用水。

（7）对套筒灌浆料进行搅拌，首先将全部拌合水加入搅拌桶中，然后加入约 70% 的灌浆干粉料，搅拌至大致均匀（1～2min），最后将剩余干料全部加入，再搅拌 3～4min 至浆体均匀。搅拌均匀后，静置 2～3min 排气，并刮去表面气泡（图 8-8）。

（8）对搅拌好的套筒灌浆料进行流动度测试，流动度应达到 300mm 以上（图 8-9）。流动度检测合格的浆料按要求制作平行试块。

（9）使用手动灌浆枪对接头平行试件进行灌浆。

（10）平行试件制作完成后将浆料倒入灌浆机料斗内，开启灌浆机，先将灌浆管内残留的水排出进行回流操作，直到流出的浆料均匀，完成后进行灌浆操作。灌浆时应从一个

图 8-8　灌浆料表面气泡处理

图 8-9　灌浆料流动度检测

灌浆孔进行灌浆，直到整个灌浆仓充满浆料。灌浆速度不应过快，待其他孔洞冒出圆柱状均匀浆体时，依次将溢出浆料的出浆孔塞住，待所有套筒出浆孔均有浆料稳定溢出并用封堵塞封堵后，方可停止灌浆，并进行 1min 稳压操作。稳压完成后拔出灌浆头，将灌浆孔封堵（图 8-10）。

（11）灌浆完成后，如出现浆料液面回落，在浆料还有流动性的情况下，应从灌浆孔进行补浆，直到回落的出浆孔再次有浆体均匀冒出为止（图 8-11）。如果时间过长，套筒内灌浆料已经没有流动性，应用细管从出浆孔内插入套筒内部，用手动灌浆枪从细管打入，对套筒内部注入套筒灌浆料，直到浆料充满套筒内部并从出浆孔溢出，边进行注浆边抽出细管，细管抽出后立刻用灌浆塞对出浆孔进行封堵。

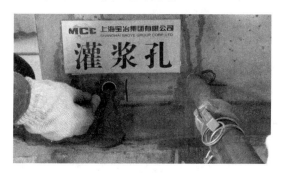

图 8-10　灌浆孔封堵

图 8-11　补浆处理

第 9 章

钢筋套筒灌浆连接施工质量验收

9.1 材料进场质保资料

1. 型式检验报告

项目总包单位需要检查钢筋套筒灌浆连接接头型式检验报告，该报告有效期为 4 年，超过有效期的报告需要求灌浆料及灌浆套筒生产厂家提供新的有效的型式检验报告，非送检单位产品应得到其生产单位的确认和许可。项目使用过程中，所有涉及型号的套筒均需要型式检验报告。

2. 质量保证书

灌浆套筒生产厂家将套筒送货至构件厂时，应随货附带《钢筋连接用灌浆套筒产品出厂质量保证书》，套筒灌浆料生产厂家将灌浆料送货至项目总包时，应随货附带《钢筋连接用套筒灌浆料产品出厂质量保证书》。保证书上数据应如实填写。

9.2 平行试件送检要求

1. 灌浆料进场送检

常温型灌浆料进场时，应对常温型灌浆料拌合物 30min 流动度、泌水率及 3d 抗压强度、28d 抗压强度、3h 竖向膨胀率、24h 与 3h 竖向膨胀率差值进行检验。

检查数量：同一成分、同一批号的灌浆料，不超过 50t 为一批，每批随机抽取不少于 30kg，并按现行行业标准《钢筋连接用套筒灌浆料》JG/T 408 的有关规定制作试件，试件制作、养护条件应符合该规程第 5.0.4 条第 4 款的规定。

检验方法：检查质量证明文件和抽样检验报告。

2. 套筒进厂（场）送检

灌浆套筒进厂（场）时，应查验检测报告及外观质量、标识和尺寸。

检查数量：按照《钢筋连接用灌浆套筒》JG/T 398 的要求进行。

检验方法：观察，尺量检查，检查质量证明文件。

3. 灌浆料平行试件送检

灌浆施工中，常温型灌浆料的 28d 抗压强度应符合现行行业标准《钢筋连接用套筒灌浆料》JG/T 408 第 3.1.3 条的有关规定。用于检验抗压强度的灌浆料试件应在施工现场制作。

检查数量：每工作班取样不得少于 1 次，每楼层取样不得少于 3 次。每次抽取 1 组 40mm×40mm×160mm 的试件，标准养护 28d 后进行抗压强度试验。

检验方法：检查施工记录及抗压强度试验报告。

灌浆料平行试件主要用于反映现场灌浆真实情况，所以严禁任何灌浆料生产厂家为项目施工方提供任何代做试块。

9.3 留存施工影像资料

1. 视频录像

在灌浆施工过程中，需由监理或者总包单位相关管理人员进行旁站视频录像，确保每一个灌浆孔及出浆孔均出浆，并根据套筒位置进行编号，对于没有出浆的孔需要及时补灌（图 9-1）。

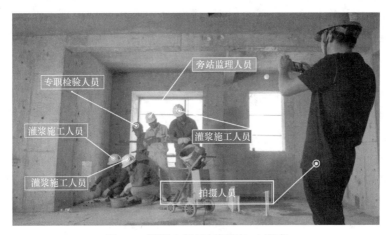

图 9-1 灌浆全程录制视频包含要素

2. 文件留存

视频录像应根据灌浆施工检查表进行留存并进行编号，供验收抽查（图 9-2）。

19-6-WQ2LMOV

19(楼栋号)、6(楼层数)、WQ2L(预制构件编号)

图 9-2 录像文件保存格式要求

9.4 灌浆饱满度检测

1. 灌浆饱满度监测控制方法

灌浆作业时建议使用灌浆监测器来实时观察、监测灌浆饱满度，达到在灌浆作业过程

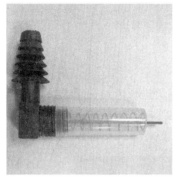

中有效控制饱满度的目的。灌浆作业前将监测器按使用说明逐个安装在出浆孔，灌浆作业过程中及作业完成后，根据透明管内部浆料的充盈程度可初步判断该套筒是否饱满（图9-3），且在灌浆结束后当套筒内浆料液面小幅下挫时，监测器内积聚的灌浆料可在弹簧压力下回补套筒内灌浆料，在一定程度上确保套筒内灌浆料的饱满度。

图 9-3　灌浆监测器

2. 灌浆饱满度检测方法

针对套筒灌浆过程中经常出现的灌浆料饱满度不足等质量通病，众多科研单位经过大量的试验研究，提出了若干检测方法并编制了相应的检测技术标准。现主要根据中国工程建设标准化协会推荐标准《装配式混凝土结构套筒灌浆质量检测技术规程》T/CECS 683，简要介绍各检测方法。

（1）预埋传感器法

预埋传感器法主要用于现场套筒灌浆作业时的灌浆饱满度检测及灌浆作业监督。当采用连通腔灌浆时，宜选择灌浆机连接远端的套筒为测点。当采用单独套筒灌浆时，单个构件上的测点可随机选择。采用此检测方法时，所采用的灌浆饱满度检测仪、传感器等辅助工具及材料的技术性能应符合《装配式混凝土结构套筒灌浆质量检测技术规程》T/CECS 683 的要求，并按其规定的流程与方法进行检测及结果判定。当发现套筒灌浆不饱满时应立即进行二次灌浆并复测。

（2）预埋钢丝拉拔法

预埋钢丝拉拔法可用于套筒灌浆作业结束、灌浆料硬化后的套筒灌浆饱满度检测，当采用连通腔灌浆时，单个构件上的测点宜选择灌浆机连接套筒或距离灌浆机连接套筒较远的套筒。当采用单独套筒灌浆时，单个构件上的测点可随机选择。采用此检测方法时，所用拉拔仪、钢丝等辅助工具及材料的技术性能应符合《装配式混凝土结构套筒灌浆质量检测技术规程》T/CECS 683 的要求，并按其规定的流程与方法进行检测及结果判定。由于钢丝拉拔法主要检测出浆孔部位的饱满程度，当检测发现套筒灌浆不饱满或饱满度存在疑问时，可利用预埋钢丝拉拔后留下的孔道，结合内窥镜法进一步检查套筒内是否存在灌浆缺陷。

采用预埋钢丝拉拔法检测发现套筒灌浆不饱满时，可对出浆孔处沿钢丝拉拔预留的孔道进行扩孔，然后通过注射器外接细管进行注射补灌。注射补灌时，出浆孔扩孔孔道的内径与注射器外接细管的外径之差不应小于4mm，具体注射补灌步骤为：①向注射器内倒入灌浆料；②将与注射器相连的细管放入钻孔孔道；③缓慢推动注射器活塞进行注浆，如果一次注射浆料不足，可重复以上步骤；④注射补灌至出浆孔出浆时，继续边注射边拔出注射器，同时用橡胶塞封堵出浆孔。

（3）钻孔内窥镜法

钻孔内窥镜法可用于套筒灌浆作业施工、验收阶段及已建工程的套筒灌浆饱满度检测。当采用连通腔灌浆时，单个构件上的测点宜选择灌浆机连接套筒或距离灌浆机连接套筒较远的套筒，当采用单独套筒灌浆或不能确定灌浆方式时，单个构件上的测点可随机选择。采用此方法检测时，所采用的钻孔设备及内窥镜大小、量程、分辨率、像素等性能应至少满足《装配式混凝土结构套筒灌浆质量检测技术规程》T/CECS 683 的要求，并按其规定的流程与方法进行检测及结果判定。当发现套筒灌浆不饱满时，可通过注射器外接细管进行注射补灌。

当采用钻孔内窥镜法检测套筒灌浆饱满度时，对于未装修的建筑，可通过目测确定套筒和出浆孔的位置，对于已装修的建筑，宜首先结合图纸并通过钢筋探测仪确定套筒位置，然后局部破损装修层，露出套筒出浆孔。钻孔时钻头应对准套筒出浆孔，钻头行进方向应始终与出浆孔管道保持一致，钻头行进过程中应至少中断两次并进行清孔，当钻头碰触到套筒内钢筋，或套筒内壁发出钢-钢接触的异样声响，或钻头到达预先计算深度时，应立即停止钻孔并再次进行清孔。当套筒出浆孔不具备钻孔条件时，可在套筒壁进行钻孔，直至钻透套筒壁，然后将带测量镜头的内窥镜探头沿钻孔孔道上沿伸入套筒内部检测灌浆缺陷情况。

（4）X 射线数字成像法

X 射线数字成像法可用于套筒灌浆作业施工、验收阶段及已建工程的套筒灌浆饱满度和密实度检测。当采用连通腔灌浆时，单个构件上的测点宜选择灌浆机连接套筒或距离灌浆机连接套筒较远的套筒。当采用单独套筒灌浆或不能确定灌浆方式时，单个构件上的测点可随机选择。因 X 射线对人体有危害，采用本方法检测时应严格遵守现行国家标准《电离辐射防护与辐射源安全基本标准》GB 18871 和《工业 X 射线探伤放射防护要求》GBZ 117 的规定，确保安全。

采用 X 射线数字成像法检测时，宜采用便携式 X 射线探伤仪，检测基本要求应遵循现行国家标准《无损检测 X 射线数字成像检测 导则》GB/T 35389、《无损检测 X 射线数字成像检测 检测方法》GB/T 35388 和《无损检测 X 射线数字成像检测 系统特性》GB/T 35394 的规定。此外，检测设备性能尚应满足《装配式混凝土结构套筒灌浆质量检测技术规程》T/CECS 683 的要求：即便携式 X 射线探伤仪的最大管电压宜为 250～300kV；中央控制器可设置的最长延迟开启时间不应低于 180s；平板探测器的分辨率不宜低于 2.51p/mm。

X 射线数字成像法的检测流程、方法及结果判定应按照《装配式混凝土结构套筒灌浆质量检测技术规程》T/CECS 683 的规定进行。与前述三种检测方法不同，X 射线数字成像法除能检测套筒灌浆饱满度外，还可检测套筒内部灌浆密实度、内部灌浆缺陷及连接钢筋的插入长度。对 X 射线数字成像法检测发现灌浆不饱满或不密实的套筒，可进行注射补灌。

装配式钢筋混凝土结构的安全主要由钢筋套筒灌浆质量控制，须对灌浆质量格外重视。在套筒及灌浆料材料性能有保证、灌浆准备工作充分的前提下，严格对灌浆施工质量进行过程管控才是确保灌浆质量的正确做法。上述灌浆饱满度检测方法的提出虽提供了若干灌浆质量监督、检测及抽查辅助手段，但决不能因此而放松或替代灌浆过程的质量控制。加之套筒灌浆为隐蔽工程施工，过程质量一旦失控，事后检测及补救相当困难，会给结构安全带来巨大隐患。

第10章
灌浆施工常见质量问题及防治措施

10.1　各项报告资料问题

1. 钢筋套筒灌浆连接接头型式检验不符合要求

套筒灌浆连接应采用由接头型式检验确定的相匹配的灌浆套筒及灌浆料，并经检验合格后使用，施工过程中不宜更换灌浆套筒或灌浆料。购买套筒时供货方应提供有效的型式检验报告，一旦灌浆套筒确定使用的品牌及型号，配套使用的灌浆料品牌即已确定，中途不得随意更换灌浆料品牌。可见构件生产前钢筋灌浆套筒必须有有效的型式检验报告，无效的型式检验报告一般有以下几种情况：

（1）钢筋套筒灌浆连接接头型式检验报告超过有效期。

（2）型式检验报告与实际使用的接头形式、材质、规格、品牌等不一致。

（3）采用不同品牌套筒与灌浆料时，缺少匹配检验，或匹配检验缺少灌浆套筒和灌浆料厂家的相互确认单。

对应的防治措施有：

（1）查验型式检验报告是否有效，可根据套筒进厂（场）验收日期判定。

（2）查验型式检验报告确定的套筒和灌浆料品牌是否和送检的材料、规格、工艺及品牌一致，当出现下述情况时则应重新进行型式检验：

① 钢筋与套筒接头形式、材质、生产工艺不同时；

② 灌浆料材质、型号、品牌不同时；

③ 连接钢筋强度等级、外观肋形不同时。

（3）当采用的灌浆套筒与灌浆料为不同品牌（厂家）时，除应具备有效的型式检验报告外，还应进行匹配检验，并附匹配双方的相互确认单。

2. 预制构件制作前接头工艺检验不符合要求

灌浆施工前，应进行接头工艺检验。工艺检验应在预制构件生产前进行，实际工程中必须注意检验顺序，不能后置。工艺检验的灌浆操作人员应为后续施工人员，并按照项目灌浆方案、灌浆料使用说明书进行。

半灌浆套筒机械连接端加工时，应按现行行业标准《钢筋机械连接技术规程》JGJ 107 的规定对丝头加工质量及拧紧力矩进行检查。操作人员应进行培训后上岗，避免钢筋丝头加工方法不正确。工艺检验合格后，灌浆套筒方可批量进场使用。

3. 灌浆施工前接头抗拉强度检验不符合要求

在灌浆施工前接头抗拉强度检验不符合要求的主要原因为：

（1）送检单位将套筒接头抗拉强度检验与接头工艺检验两者概念混淆，导致检验缺项。

（2）实际灌浆施工前未取得接头试件抗拉强度检验报告。

为避免上述情况产生，必须注意接头工艺检验应在构件制作开始前完成，接头抗拉强度检验应在灌浆施工前完成，灌浆施工应在取得正式的接头试件抗拉强度报告后方可进行。接头工艺检验与灌浆套筒的首批接头试件抗拉强度检验时若钢筋、套筒、灌浆料及操作人员均相同，则首批接头试件抗拉强度检验可不必重复做，而以接头工艺检验为依据。

4. 灌浆施工前灌浆料资料不符合要求

（1）灌浆料与灌浆套筒不匹配。灌浆施工时必须以接头提供单位出具的有效型式检验报告为依据，核验灌浆料与灌浆套筒是否匹配，尤其是当灌浆套筒与灌浆料为不同品牌时更应注意此问题。

（2）灌浆料进场资料不齐全。进场的灌浆料厂方应提供有效的型式检验报告、合格证、产品质量检测报告、使用说明书等。同一批次进行一次取样检测，取样方法按现行国家标准《水泥取样方法》GB/T 12573 的有关规定进行。取样应具有代表性，可从多个部位取等量样品，样品总量不应少于 30kg。进场后按 50t 作为一个批号进行检验，检验合格方可使用。

（3）灌浆料检验报告不合格或虽已检验但未出具报告，均视为不符合要求。灌浆料每 50t 作为一个批号进行检验，检验合格方可灌浆。灌浆料的质保期一般为 3 个月，超过期限需重新检验。实际工程中，一般在灌浆前约一个月对灌浆料进行检验，同时应根据工程进度及工程量控制好一次进场数量，防止灌浆料过期。

5. 灌浆施工前缺少灌浆施工专项方案、灌浆令不符合要求

装配式混凝土建筑墙、柱钢筋灌浆套筒连接关乎结构安全及后续使用性能，为结构安装施工的重中之重，应对预制墙柱水平接缝及套筒灌浆质量绝对重视，严把质量关。为确保套筒及水平接缝灌浆质量，上海市针对混凝土结构工程灌浆套筒连接发布了《关于进一步加强本市装配整体式混凝土结构工程钢筋套筒灌浆连接施工质量管理的通知》（沪建安质监〔2018〕47 号）。通知要求施工单位应当在钢筋套筒灌浆连接施工前，单独编制套筒灌浆连接专项施工方案，专项方案应经总监理工程师审核签字，施工单位对现场作业人员进行技术交底。

专项方案中应明确吊装灌浆工序作业时间节点、灌浆料拌合、分仓设置、补灌工艺和坐浆工艺等要求。

灌浆施工人员须进行灌浆操作培训，经考核合格后方可上岗。灌浆施工人员严禁以个人名义承揽灌浆施工业务。

套筒灌浆实行灌浆令制度（表 10-1）。钢筋套筒灌浆施工前，施工单位及监理单位应重点核查套筒内的钢筋连接情况、坐浆情况、接缝分仓及密封情况、接缝封堵方式及灌浆连通腔畅通情况等是否满足设计及规范要求并形成检查记录表（表 10-2）。每个班组每天灌浆施工前应签发一份灌浆令，灌浆令由施工单位项目负责人和总监理工程师同时签发，取得灌浆令后方可进行灌浆。

应按规范要求进行灌浆施工，灌浆施工全过程应有专职检验人员旁站监督并及时形成施工监督、检查记录，发现问题及时整改。

灌浆令

表 10-1

工程名称				
施工单位				
灌浆施工部位				
计划灌浆施工时间				
灌浆工	姓名	证书编号	姓名	证书编号
工作界面完成检查及情况描述	界面检查	套筒内杂物、垃圾是否清理干净。	是□ 否□	
		灌浆孔、出浆孔是否完好、整洁。	是□ 否□	
	连接钢筋	钢筋表面是否整洁、无锈蚀。	是□ 否□	
		钢筋的位置及长度是否符合要求。	是□ 否□	
	分仓及封堵	封堵材料： 封堵是否密实。	是□ 否□	
		分仓材料： 分仓是否按要求。	是□ 否□	
	通气检查	是否通畅。 不通畅预制构件编号及套筒编号：	是□ 否□	
灌浆准备工作情况描述	设备	设备配置是否满足灌浆施工要求。	是□ 否□	
	人员	是否通过考核。	是□ 否□	
	材料	灌浆料品牌： 检验是否合格。	是□ 否□	
	环境	温度是否符合灌浆施工要求。	是□ 否□	
审批意见	上述条件是否满足灌浆施工条件		是□ 否□	
	同意灌浆 □		不同意，整改后重新申请 □	
	施工单位专职质量员		签发日期	
	施工单位项目负责人		签发日期	
	总监理工程师		签发日期	

灌浆施工记录检查表

表 10-2

编号：

工程名称			施工部位		
施工日期	年 月 日 时		灌浆料批号		
环境温度			使用灌浆料总量		
材料温度	水温			浆料温度	
搅拌时间	流动度			水料比(加水率)	
检验结果					
灌浆口、出浆口示意图					
备注					

质检人员：　　　　记录人：　　　　　　　日期：　　　年　月　日

10.2　人机料的准备问题

1. 灌浆操作人员不符合要求

钢筋套筒灌浆施工操作人员必须经过培训考核合格后持证上岗，且施工过程中操作人员不宜随便更换，一个灌浆班组一般由四个人组成，一人搅拌、一人开灌浆机、一人持枪灌浆、一人进行出浆封堵，宜定人定岗，且要求相互配合默契，无有效灌浆操作证人员不得上岗操作（图 10-1）。

2. 灌浆料储存堆放不符合要求

灌浆料运输和储存时不应受潮和混入杂物；产品应储存在通风、干燥阴凉处，运输过程中应注意避免阳光长时间照射。故施工现场灌浆料堆放应有专用仓库，并用木板架空堆放，离地离墙保持一定间距，防止受潮。灌浆料在工地上直接着地堆放并用油布覆盖的方法是不符合要求的，这种情况下灌浆料易受潮积块，影响质量及性能。

图 10-1　现场灌浆操作示例

3. 灌浆工具不齐全不符合要求

（1）灌浆机必须有备用机及备用维修零件，灌浆过程必须是连续进行，灌浆过程中一旦灌浆机出现问题、中断时间过长会严重影响灌浆质量，所以施工现场灌浆机至少一用一备，灌浆机的定子、转子、橡胶管等易损零部件都应有备件。灌浆管长度一般为 3m，且不宜超过 5m，过长的管道易堵塞。管道接头应为快接，便于管道堵塞清理时快速拆卸，灌浆头插口应有斜度，孔径要与套筒灌浆口孔径配套。

（2）灌浆现场经常缺少通孔检查需要的吹风机及专用插入式检查工具。通过强力吹风可检查套筒灌浆孔、出浆孔及套筒内腔是否通畅，插入式通孔检查工具为一根带手柄的可插入灌浆孔及出浆孔的丝杆，杆上做好插入深度油漆标记（图 10-2）。

（3）灌浆前经常会出现缺少灌浆孔、出浆孔及连通孔洒水湿润工具的情况，可采用手动喷水壶进行湿润，也可采用便携式电动喷水装置提高喷水效率（图 10-3）。

（4）现场缺少灌浆料及水计量称量工具如电子秤、量筒、温度计等。

灌浆料搅拌控制温度应在 5～30℃ 之间，当环境温度过高时，会造成灌浆料拌合物流动度降低并加快凝结硬化，可采取降低水温甚至加冰块搅拌等措施进行处理。

灌浆料使用前应检查产品包装上的有效期和产品外观，产品有效期应在三个月内，拌合水应符合现行行业标准《混凝土用水标准》JGJ 63 的有关规定，加水量应按灌浆料使用说明书的要求确定，并按重量计量。

用水量直接影响灌浆料抗压强度等性能指标，用水量应精确称量，搅拌完成后不得再次加水。不同品牌的灌浆料料水比不同，如利物宝灌浆料按使用说明与加水的重量比是 1：0.13，或者说水与灌浆料的重量比是 13：100。通常情况下，单包灌浆料的标准重量是 30kg 或 25kg，那么一包灌浆料的标准加水重量应为 30（25）×0.13＝3.9（3.25）kg。施

图 10-2　专用吹风机吹气检查通孔示意图

图 10-3　便携式电动喷水设备图

图 10-4　称量工具电子秤及量筒

工现场一般需准备 30～50kg 电子秤一台，用于称量灌浆料和水（图 10-4）。

由于水的标准比重是 $1000kg/m^3$ 或 $1kg/L$，所以每包灌浆料的标准用水也是固定的，因此可用带刻度的标准量筒记取，一般用 5L 的量筒就可量取一包灌浆料所需的用水量。

（5）灌浆料搅拌桶及搅拌机选择不正确。

搅拌设备宜选用转速不低于 300r/min 的手持砂浆搅拌机，且宜采用双柄的搅拌机，容易手握把持控制；搅拌桶宜采用不锈钢桶，塑料桶容易在搅拌中磨损不宜使用。严禁使用铝制搅拌桶，因搅拌过程中脱落铝屑会改变灌浆料性状（图 10-5）。

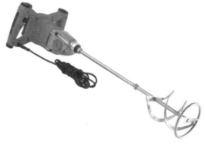

图 10-5　搅拌桶及搅拌机

（6）流动度检测工具不正确或不齐全。

流动度试验应采用符合现行行业标准《行星式水泥胶砂搅拌机》JC/T 681 要求的搅拌机拌合水泥基灌浆材料；截锥体圆模应符合现行国家标准《水泥胶砂流动度测定方法》GB/T 2419 的规定，尺寸为下口内径 100±0.5mm，内径 70±0.5mm，高 60±0.5mm，玻璃板尺寸 500mm×500mm，并应水平放置（图 10-6）。

图 10-6　圆截锥试模及钢化玻璃板

流动度检测应采用 500mm×500mm×6mm 的钢化玻璃，四周磨边。普通玻璃易碎伤手，用有机玻璃替代也不正确，因为表面的摩擦系数与钢化玻璃是不同的，会影响流动度的检测结果。

（7）灌浆料抗压强度检测试模不齐全，数量不够。

钢筋套筒灌浆连接接头工艺检验和接头力学性能检验都需制作灌浆料强度试块。灌浆料进场时，同一成分、同一批号的灌浆料，不超过 50t 为一批，不足 50t 的也为一批，需要对灌浆料拌合物的 30min 流动度、泌水率及 3d 抗压强度、28d 抗压强度、3h 竖向膨胀效率、24h 与 3h 竖向膨胀效率差值进行检验。此外，灌浆施工中现场也需制作同条件灌浆料试件，要求每工作班取样不少于一次，每楼层取样不少于 3 次，每次抽取 1 组 40mm×40mm×160mm 试件，标准养护 28d 后进行抗压强度试验。

综上，现场灌浆施工时每个楼层至少需配 3～4 组试模，其中抗压强度试验试件为 40mm×40mm×160mm 的棱柱体试件，制作时宜采用钢制试模，确保试件质量，采用塑料试模试件易损坏且质量不如钢模（图 10-7）。

图 10-7　灌浆料试模及灌浆料试块图

10.3 连通腔边界封堵问题

1. 封堵前未进行垃圾清理及洒水湿润

预制竖向构件连通腔灌浆需进行密闭封堵，封堵前必须清除缝内垃圾，并洒水湿润，实际施工往往忽视这两个重要环节，缝内建筑垃圾及沉渣会影响灌浆通道，甚至造成灌浆堵塞，洒水湿润是为了封堵料与预制构件及现浇层混凝土更好结合，防止封堵料开裂爆仓现象。缝内建筑垃圾及沉渣可用大功率电吹风机通过吹风方式进行清除，洒水湿润可用专用洒水壶进行（图 10-8）。

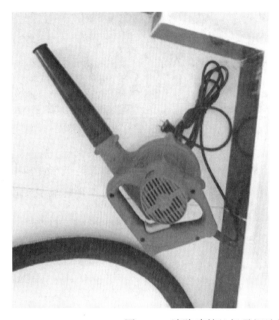

图 10-8　清除建筑垃圾及沉渣用电吹风机及湿润用洒水壶

2. 封堵材料选用不正确

预制墙柱水平接缝采用封堵料嵌缝封堵时，封堵料占用构件部分受力面积，因此封堵材料强度应满足一定要求，其强度应高于预制构件混凝土强度至少一个等级以上，故需采用专用封堵料封堵，为保证工程进度及成功灌浆，接缝专用封堵料应具备早强、高强及微膨胀性能。预制墙柱水平接缝严禁采用普通水泥砂浆封堵，不仅其强度达不到要求，而且容易收缩开裂，导致灌浆时出现爆仓现象。

3. 封堵时未进行有效分仓

在工程中经常会遇见一些较长的预制墙板，有的长度甚至达到 5m 左右，此时如采用连通腔灌浆方式，则必须进行有效分仓，一般预制构件水平接缝分仓的有效距离不宜超过1.5m，分仓可用封堵料与封堵同时进行，分仓条宽度约为 30mm。实际施工中如遗漏分仓或分仓距离过长，会造成灌浆料在连通腔中堵塞，导致灌浆失败。分仓的目的是有效控制灌浆料在连通腔内流动畅通，能顺利充满连通腔内所有空隙（图 10-9）。

4. 封堵时嵌缝过深、不密实

预制墙柱水平接缝灌浆前的嵌缝封堵是为了形成一个密闭连通腔，使灌浆料能在其内部顺利流动并充满所有空隙。当嵌缝过深时，会减少连通腔内部有效净空并堵塞套筒底部，导致不出浆，所以嵌缝深度一般控制在 20mm。工程中经常会出现嵌缝过深现象，为避免这种情况发生并保持嵌缝深度基本一致，嵌缝时封堵料内侧使用密封钢挡条护壁，钢挡条可为 L 形钢筋条，直径约 16mm，也可为带手柄的专用 L 形钢板条。使用钢挡条不仅可确保嵌缝深度基本均匀，还可确保封堵密实。嵌缝完成后应在封堵料外侧用批刀或钢条压紧，见图 10-10。

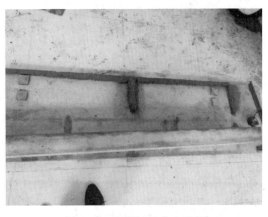

图 10-9　预制墙板分仓示例

图 10-10　封堵用 L 形钢筋条及批刀等工具

5. 封堵料开裂或上、下结合面脱离

封堵料开裂或上、下结合面脱离会造成接缝封堵不严实，灌浆时容易产生漏浆及爆仓，影响灌浆质量，主要原因及防治措施如下：

（1）封堵不得采用普通水泥砂浆，应采用专用封堵料。

（2）严格按封堵料使用说明控制拌合水用量，避免加水过多，多余水分蒸发时产生收缩开裂。

图 10-11　封堵料产生收缩开裂、漏浆示例

（3）封堵缝内建筑垃圾或浮灰未清理干净，形成隔离层，造成封堵后结合面脱离，故封堵前必须清理干净接缝内的建筑垃圾及浮灰。

（4）封堵前结合面未进行洒水湿润处理，导致封堵料上、下结构表面结合不严实。

（5）封堵时内侧未用钢挡条进行护壁，外侧未对封堵料进行批压密实，导致封堵料疏松不密实甚至开裂漏浆，见图 10-11。

10.4 灌浆料搅拌问题

1. 灌浆料搅拌温度不符合要求

常温使用的灌浆料浆体温度夏季应控制在不高于 30℃，冬季不低于 5℃，超过此温度范围在不采取特殊措施情况下不能进行灌浆施工。夏季为避免因气温过高导致灌浆料凝结时间过快，应尽量避免中午前后温度最高时灌浆施工，而应选择在早、晚气温较低时进行。冬季当在 0～5℃ 条件下施工时，需采取加热水等增温措施提高灌浆料的温度，灌浆完成后应采取覆盖等保温措施避免灌浆料受冻；当环境温度低于 0℃ 时严禁施工，防止灌浆料冻胀。搅拌现场需备有测量气温及灌浆料温度的温度计。

2. 灌浆料与搅拌用水比例不正确

灌浆料与搅拌用水的比例应严格控制，用水过量会导致灌浆料凝固后的强度显著下降，且可能收缩开裂，所以搅拌时应严格按灌浆料说明书规定严格用水。灌浆料与搅拌用水比例一般为重量比，现场应备有电子秤进行称量。又因水的标准比重是 1000kg/m^3 或 1kg/L，即 1L 水有 1kg 重，所以也可用带刻度线的量筒按规定量取拌合水，一般 5L 的量筒即可满足施工使用要求。施工现场严禁不经称量随意加水，严禁在灌浆过程中补水。灌浆料搅拌示例见图 10-12。

3. 灌浆料搅拌、使用时间不正确

（1）灌浆料搅拌时间不正确

为确保灌浆料与水充分搅拌均匀，搅拌时间不得少于 4min。

（2）搅拌完成后灌浆料未静置

灌浆料搅拌后含有大量气泡，不能马上进行灌浆操作，必须放在搅拌桶内静置 2min 以上，排出气泡后方可使用。灌浆料气泡外观见图 10-13。

图 10-12　灌浆料搅拌示例

图 10-13　灌浆料气泡外观

（3）灌浆料使用时间超时

灌浆料从加水搅拌开始起算至该灌浆料灌浆完毕必须控制在 30min 以内，超过 30min，灌浆料流动度明显下降，特别在气温较高的情况下，流动度下降会导致灌浆困难，质量无保证。超过30min的灌浆料禁止加水搅拌后继续使用，必须丢弃。

4. 灌浆料试块制作及流动度检测不正确

（1）灌浆料加水称量不准确。如只制作试块及进行流动度检查，则不需要准备整包灌浆料。流动度检测应用500mm×500mm×6mm钢化玻璃板，而不能用有机玻璃板替代。

（2）流动度检测前玻璃板未洒水湿润。做流动度检测前玻璃板上需喷水湿润，但不得有明水。

（3）流动度检测时截锥试模放置方向相反。截锥体圆模应符合现行国家标准《水泥胶砂流动度测定方法》GB/T 2419的规定，其下口内径100±0.5mm，内径70±0.5mm，高60±0.5mm。流动度检测时，截锥试模应大口朝下，小口朝上，不能放反，见图10-14；灌浆料倒入后需捣实刮平后轻轻提起，让灌浆料自然流成饼状，见图10-15。

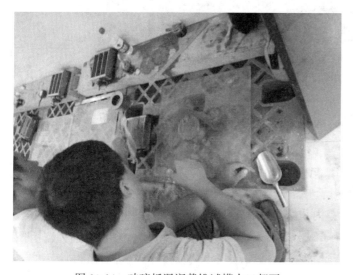

图10-14　玻璃板湿润截锥试模大口朝下

图10-15　流动度量测示例

（4）试块制作时模具上未刷脱模油或涂刷不充分。试块制作时不刷脱模油或涂刷不到位，会使脱模困难，损坏试块。

（5）试块制作时插捣不密实。试块制作时如果不密实会造成试块强度偏低，故制作时必须用抹刀或钢筋插捣密实，并手提模具在地上振动几下，使灌浆料密实。

（6）试块制作时芯片位置放置不正确。芯片是试块唯一性标志，芯片不能放灌浆料中间，也不能放在灌浆试块的顶部中间，因为会引起试块强度降低，芯片应在试块上表面靠边放置，放置后轻点芯片，使芯片面与灌浆料面齐平。试块制作及芯片放置示例见图10-16。

（7）试件及流动度检测数量不够。

灌浆施工时现场制作灌浆料试件每工作班组不少于1次，每楼层不少于3次，当有同条件养护试块时应多做一组。每次抽取1组40mm×40mm×160mm试件，标准养护28d后进行抗压强度试验。流动度检测每班组不少于一次，要求初始流动度应大于等于300mm，30min流动度应大于等于260mm。

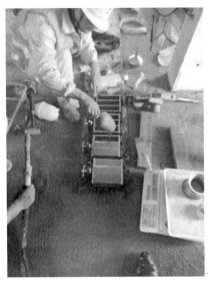

图 10-16   试块制作及芯片放置示例

10.5   灌浆施工作业问题

1. 灌浆前未提前进行洒水湿润

灌浆前灌浆孔、出浆孔及水平接缝内需洒水湿润但不得有明水。灌浆时若灌浆孔及水平接缝内太过干燥，灌浆料的水分就会被混凝土吸收，导致灌浆料失水及结合面不密实，

易引起外墙渗漏。反之如果水平接缝内积水过多，则积水进入灌浆料会导致灌浆料用水偏多，降低灌浆料凝固后的强度。所以灌浆前灌浆孔、出浆孔及水平接缝内需提前洒水，并让多余的水分蒸发。喷水时需控制水量，不能让连通孔内积水，喷水时应将喷头插入出浆孔内，水分由出浆孔自上而下流入水平接缝内及灌浆口，仅在灌浆孔、出浆孔外喷水是没有用的，为提高喷水功效建议采用电动喷水装置进行喷水。当然也可用高压水枪冲洗水平接缝及灌浆孔、出浆孔，冲干净接缝内的积尘及建筑浮渣，然后即刻进行

图 10-17   便携式电动喷水器喷水湿润操作图

封堵，待第二天封堵料达到一定强度后就进行灌浆，此时缝内还有湿气但多余水分已基本蒸发，效果较好。图 10-17 为便携式电动喷水器喷水湿润操作图，喷水枪插入出浆孔内，自上而下喷水。

2. 灌浆孔及出浆孔未进行编号

灌浆施工时须拍摄影像资料作为验收依据，如果未对灌浆孔及出浆孔进行编号，那么留下的影像资料就很难区分灌浆孔及出浆孔位置，故在灌浆前必须对灌浆孔、出浆孔进行

编号，且影像资料中应反映楼栋号、构件编号及灌浆孔、出浆孔编号。现场可以用记号笔对每对灌浆孔、出浆孔进行编号，也可在构件出厂前就统一对灌浆孔、出浆孔进行编号，见图10-18、图10-19。

图 10-18　预制柱下端灌浆孔、出浆孔编号

图 10-19　预制墙板灌浆孔、出浆孔编号

3. 灌浆机不出浆

（1）灌浆机灌浆皮管过长，皮管连接接头未用快接。

灌浆皮管不宜过长，一般为3m，过长会由于灌浆料与皮管间的摩擦阻力，导致压力损失过大无法顺利出浆，此外橡胶皮管与灌浆机接头应采用快拆接头，一旦灌浆料在皮管中堵塞时，便于皮管及时拆卸并冲洗。

（2）灌浆机开始使用时未进行过水处理，直接倒入灌浆料。

灌浆机开机使用时应进行过水处理，倒入清水从灌浆机内过一遍，但必须排尽水分，这样可以减少灌浆料与料斗、灌浆机及管道的摩擦，确保灌浆正常进行。

（3）灌浆料流动度不达标。

灌浆料的初始流动度应不小于300mm，搅拌时如未按标准比例加水，加水量不够会引起流动度过小，导致灌浆料与灌浆机管壁的摩擦增大而影响灌浆。

（4）灌浆料在灌浆机里滞留时间若超过半小时，可能会导致灌浆料流动度严重下降甚至结块堵住灌浆管道，所以要求灌浆料要随灌随搅拌，备料不能太多，且灌浆必须连续。当灌浆施工发生意外中断或施工中休息，必须排出机内多余灌浆料并冲洗干净。如灌浆料堵塞管道应马上拆开管道连接快接头，在地面上振动敲打橡胶管道，并用高压水枪冲洗管道内及灌浆机内残余的浆料，如不及时处理会出现爆管或损坏灌浆机（图10-20）。

（5）灌浆机及灌浆管道内灌浆料若

图 10-20　拆开快接排出浆料

未清洗干净，有灌浆料残渣结块，将导致管壁摩擦力增大而无法出浆。故灌浆施工完成后必须要把灌浆机及管道清洗干净，对于老旧皮管需及时更换。灌浆前需用清水过一遍灌浆机及管道，如果里面有灌浆料残渣，也可用素水泥浆料过一遍灌浆机及管道，以清除管道内残渣，保持灌浆顺畅。

4. 灌浆孔选择不正确

连通孔灌浆要求每个灌浆仓段内只能选取一个套筒的灌浆孔灌浆，如果选择两个或多个灌浆孔灌浆时可能会窝住空气，形成空气夹层，影响灌浆质量。一个灌浆仓段内原则上可任选一灌浆孔进行灌浆，但选择仓段中部灌浆孔灌浆时，灌浆料从中间往两侧灌注距离都较短，可提高灌浆效率。当连通腔一点灌浆遇到问题时需再次灌浆时，各灌浆套筒已封堵的灌浆孔、出浆孔应重新打开，待灌浆料拌合物再次稳定出浆后再进行封堵。

5. 灌浆孔、出浆孔封堵控制不正确

（1）出浆孔封堵过早

灌浆时只有当灌浆料从出浆孔稳定流出时方可用橡胶塞或木塞进行封堵（图10-21），如一出浆即（立即）进行封堵，灌浆料可能还未充分充满灌浆孔道。封堵塞宜选用木塞，其与孔壁摩擦较好不易弹出，塞子用榔头敲紧即可。

（2）灌浆孔封堵过早

待所有出浆孔都稳定出浆并封堵后，不能马上拔出灌浆管，因为灌浆管拔出时，已经灌进去的灌浆料在重力作用下会马上回落，所以在封堵完最后一个出浆孔后应进行持压操作，但过长的持压可能产生爆仓现象，需控制好时间，灌浆机操作员、持枪员及封堵员必须协调一致，在灌浆机关机的同时，持枪员同时拔出灌浆管，封堵员马上用塞子封住灌浆孔，动作要一气呵成（图10-22）。

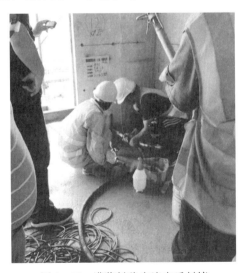

图 10-21　灌浆料稳定流出后封堵

图 10-22　灌浆进入持压操作阶段

6. 出浆孔不出浆

（1）灌浆孔、出浆孔及套筒内有混凝土残渣堵住灌浆通道

预制构件出厂前、构件进场、构件吊装前、灌浆前、灌浆后都要进行通孔检查，可用吹气法、光照法、灌水法、专用丝杆插入法等方法进行检查，越早发现越好，若发现问题

应提前进行疏通，灌浆前宜采用吹风机或专用工具插入进行检查。

（2）灌浆孔被预制构件底部调标高垫块堵住

预制构件吊装时，一般单个竖向预制构件底部要放两组以上的调标高垫块，调标高垫块一般宽度约40mm，离套筒或盲孔过近或直接位于套管或盲孔的下方则会堵住灌浆通道，造成灌浆料无法上返至套筒或盲孔内，故在竖向构件安装时，必须保证垫块与套筒或盲孔距离在50mm以上。

（3）连通腔接缝高度不够，致使灌浆料无法通过

预制构件水平接缝的设计高度一般为20mm，规范允许偏差为±5mm，当接缝高度小于15mm时，灌浆料流动就会受阻，所以预制构件安装时必须检查下侧现浇面标高，如果不能保证接缝高度，则须先行凿除现浇面高出部分后吊装构件，确保水平接缝高度满足设计及灌浆要求，见图10-23。

图10-23　预制墙板下部分灌浆缝高度不够及现浇层高出混凝土凿除

（4）灌浆料骨料过粗，不符合要求

灌浆料骨料太粗，会影响浆料流动度，造成灌浆机磨损过快，增加浆料和管道之间的摩擦力，可能造成灌浆不畅。因此，在保证灌浆料性能的前提下，应控制灌浆料中粗骨料的粒径及数量，灌浆料中用作细骨料的天然砂或人工砂应符合现行国家标准《建设用砂》GB/T 14684 的规定，最大粒径不宜超过 2.36mm，灌浆料 30min 流动度不应小于 260mm。

（5）灌浆施工不连续

连通腔灌浆方式要求确保一个仓段内灌浆必须是连续完成，中途不得出现长时间停顿，否则可能造成已注入孔道内的灌浆料流动度下降或者结块，堵塞管道导致无法完成灌浆。如因停电、灌浆机出现故障而发生较长时间中断，必须尽快清理连通腔内已注入灌浆料，再次做好准备工作后重新灌浆。避免出现较长时间中断的措施主要是做好应急准备工作，如现场有备用灌浆机及灌浆机备件、发电机等。当已灌浆料超过 30min 仍有出浆孔不出浆时，应采用手动灌浆枪或注射器从该出浆口通过细管进行补灌。

7. 发生连通腔爆仓现象

（1）封堵料选用错误

预制构件底部连通腔封堵不得选用普通水泥砂浆，应选用具有早强、高强、微膨胀且

与混凝土表面结合良好的专用封堵料进行封堵，否则会影响结构受力并出现封堵不严实及漏浆、爆仓现象，见图 10-24。

除封堵料外，现浇结合面应做成粗糙面，且封堵前必须清洁上、下构件表面并洒水湿润，嵌缝封堵时应使用专门工具并严格按专项施工方案中的技术要求进行。

图 10-24　封堵料与预制墙板结合不密实

（2）封堵料养护不到位、强度不够致爆仓

预制柱安装通常采用先灌浆方案，预制墙板也可采用先灌浆方案，即在竖向预制构件吊装校正完成后即刻封堵，在养护 12～24h 后在同楼层现浇构件（部分）及上部楼层未施工前就进行灌浆的施工方案。采用先灌浆施工方案时封堵料应具备早强高强性能，此时建议采用 C60 以上强度等级的封堵料进行接缝封堵，并采取洒水及覆膜等养护措施，当工期较紧时可在封堵料外加设木方进行加固，或同时采用墙外封堵方式进行加固，以降低爆仓风险，见图 10-25。施工中若产生爆仓，应立即用高压水枪冲洗已灌灌浆料并重新进行封堵，养护后再次灌浆。

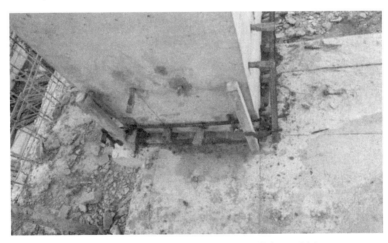

图 10-25　柱子灌浆封缝采用木料抱箍加固示例

8. 灌浆不饱满现象

（1）灌浆时出浆孔未充分出浆就封堵，会导致出浆孔处浆料不饱满。当出浆孔开始出浆时不能马上堵孔，应稳定出浆后方可封堵。灌浆后约 2h 后，可拔出封堵头用铁丝插入或光照检查，见图 10-26；发现不密实须用细管及手动灌浆枪手动补浆，见图 10-27。

（2）灌浆中若在拔去灌浆管前未进行持压操作，或拔去灌浆管后未及时封堵，会导致连通腔内灌浆料液面下降，造成灌浆不密实，这种灌浆质量缺陷的检查及补浆方法同上。为确保灌浆饱满，灌浆时也可在出浆孔处连接一管子高过出浆口，灌浆过程中始终保持管内浆料液面高过出浆孔。

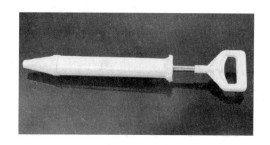

图 10-26　灌浆后密实度检查　　　　　　图 10-27　补灌用手动灌浆枪

（3）梁用套筒两侧密封圈塞放不紧造成漏浆，见图 10-28。套筒灌浆孔及出浆孔口未朝上。梁用套筒两侧的橡胶密封圈如果安装不牢，与套筒壁贴合不严实，会产生漏浆现象，应尽量避免这种情况发生。如灌浆时出现少量漏浆，可用塑料纸及时包扎，待灌浆料硬化后移去，发现漏浆后应及时用灌浆枪补灌。梁用钢套筒安装时灌浆孔及出浆孔口部应朝上，具体要求为套筒安装就位后，灌浆孔、出浆孔应在套筒水平轴正上方±45°的锥体范围内。如是单排钢筋连接灌浆孔及出浆孔口应垂直向上，当同一节点有上下两排及以上套筒时，为方便灌浆，下排套筒孔口可向两侧倾斜，但倾斜角度需控制在±45°范围内，确保灌浆料不流失。此外，套筒安装就位后，灌浆孔、出浆孔应加装孔口应超过套筒外表面最高位置的连接管或连接头，见图 10-29。

9. 灌浆环境温度不正确

（1）环境温度过高，超过 30℃。

灌浆环境温度不能超过 30℃，过高的温度会导致灌浆料失水后流动度下降过快，造成灌浆料过早丧失流动度而无法灌浆。在高温天气灌浆应尽量避开一天中的高温时段，可安排在早、晚气温较低的时段进行，确保施工顺利及灌浆质量。

（2）环境温度在 0～5℃之间时，不宜灌浆，如需灌浆须采取加温及保温措施，可在灌浆料拌合时加入热水等方法提高灌浆料温度，灌浆后采取覆盖保温措施，防止灌浆料受冻。

（3）环境温度低于 0℃时，严禁灌浆施工。

图 10-28　梁用套筒灌浆渗漏浆料

图 10-29　梁用套筒安装示例

10. 灌浆施工完成后发生扰动现象

（1）灌浆料同条件养护试块抗压强度达到 $35N/mm^2$ 后，方可进行对接头有扰动的后续施工，本规定主要适用于后续施工可能对接头有扰动的情况，包括构件就位后立即进行灌浆作业的先灌浆工艺及所有预制框架柱的竖向钢筋连接。对先浇筑边缘构件和叠合楼板后浇层混凝土，后进行灌浆施工的装配式剪力墙结构，可不执行上述规定。灌浆后临时固定措施的拆除应在灌浆料抗压强度能确保结构达到后续施工承载要求后进行。

（2）灌浆后灌浆料同条件试块强度达到 35MPa 后方可进入后续扰动施工，一般环境温度在 15℃以上时，24h 内构件不得受扰动；环境温度在 5～15℃时，48h 内构件不得受扰动；5℃以下视情况而定。

第11章

灌浆施工从业人员要求

11.1 岗位职责与要求

套筒灌浆操作是装配式建筑特有工种，其施工质量直接关系到结构安全，且灌浆作业属于基本不可逆作业，需一次操作成功，因此对技能的专业化程度要求非常高，关注重点不仅是灌浆过程，更涉及整个作业流程中的每一步都要求规范化操作。需对每一位作业者进行岗位职责教育，明确施工质量的重要性，灌输质量控制概念，强化岗位责任。

对灌浆作业人员的岗位要求包括掌握"基础知识""工前准备""拌料封堵""灌浆操作"等。要求作业者能检查钢筋套筒及灌浆作业面缺陷、能熟练操作灌浆机具及简易维修和养护、能正确使用灌浆作业的各种工具、能精准配比拌制浆料、能制作浆料试块、能正确封堵与分仓、能进行灌浆作业与质量自检等工作。

11.2 职业道德要求

装配式建筑职业从业人员应提升职业道德，遵守社会公德和职业守则。装配式建筑职业从业人员应遵守下列职业守则：

（1）爱岗敬业，忠于职守；

（2）遵章守纪，严格把关；

（3）按图施工，规范作业；

（4）实事求是，认真负责；

（5）节约成本，降耗增效；

（6）保护环境，文明施工；

（7）不断学习，努力创新；

（8）弘扬工匠精神，追求精益求精。

11.3 理论知识要求

灌浆作业人员应参加规定课时的理论知识培训，经考核合格后方可上岗，并按规定参加继续教育。

1. 法律、法规、标准

（1）熟悉建设行业相关的法律法规；

（2）了解与本工种相关的国家、行业和地方标准。

2. 识图

（1）灌浆部位施工图的识图知识；

（2）灌浆作业示意图的识图知识；

（3）建筑制图基本知识。

3. 材料

（1）预制构件的力学性能；

（2）灌浆材料的常见种类、性能及适用范围；

（3）灌浆辅料的常见种类、性能及用途；

（4）灌浆料的制备方法。

4. 工具设备

（1）灌浆常用机具的基本功能及使用方法；

（2）灌浆常用机具的维护及保养知识；

（3）灌浆质量检测工具的使用方法；

（4）灌浆设备操作规程及故障处理知识；

（5）灌浆作业安全防护工具的基本功能及使用知识。

5. 灌浆技术

（1）灌浆料试件制作及检验；

（2）灌浆前的准备工作；

（3）灌浆的自然环境要求；

（4）灌浆的工作面要求；

（5）灌浆的基本程序；

（6）灌浆泵的操作规程；

（7）灌浆管道铺设的基本方法；

（8）灌浆停止现象的基本特征；

（9）灌浆区域分仓的基本方法；

（10）灌浆封堵的基本方法。

6. 施工组织管理

（1）灌浆施工方案编制方法；

（2）技术管理的基础知识；

（3）质量管理的基础知识；

（4）安全管理的基础知识。

7. 质量检查

（1）灌浆工程质量自检的方法；

（2）灌浆工程质量的验收与评定；

（3）灌浆质量问题的处理方法。

8. 安全文明施工

（1）安全生产常识、安全生产操作规程；

（2）安全事故的处理程序；

（3）突发事件的处理程序；

（4）文明施工知识；

（5）环境保护知识；

（6）建筑消防安全的基础知识。

11.4 操作技能要求

灌浆作业人员应参加规定课时的实操技能培训，经考核合格后方可上岗，并按规定参加继续教育。

1. 施工准备

（1）能够对灌浆材料进行进场验收；

（2）能够准备和检查灌浆所需的机具；

（3）能够对灌浆作业面进行清理；

（4）能够检查钢筋套筒、灌浆结合面并处理异常情况；

（5）能够制作并检验灌浆料试块；

（6）能够正确制备灌浆料；

（7）能够选择合适的灌浆机具；

（8）能够进行灌浆工程施工技术交底。

2. 分仓与接缝封堵

（1）能够根据灌浆要求进行分仓；

（2）能够记录分仓时间，填写分仓检查记录表；

（3）能够对灌浆接缝边沿进行封堵；

（4）能够正确安装止浆塞；

（5）能够检查封堵情况并进行异常情况处理。

3. 灌浆连接

（1）能够对灌浆孔与出浆孔进行检测，确保孔路畅通；

（2）能够按照施工方案要求铺设灌浆管道；

（3）能够正确使用灌浆泵进行灌浆操作；

（4）能够监视构件接缝处的渗漏等异常情况并采取相应措施；

（5）能够进行灌浆接头外观检查并识别灌浆停止现象；

（6）能够进行灌浆作业记录。

4. 灌浆后保护

（1）能够判断达到设计灌浆强度的时间；

（2）能够根据温度条件确定构件不受扰动时间；

（3）能够采取措施保证灌浆所需的环境条件。

5. 施工检查

（1）能够对现场的材料和机具进行清理、归类、存放；

（2）能够对灌浆工程进行质量自检；

（3）能够组织施工班组进行质量自检与交接检。

6. 班组管理

（1）能够对低级别工进行操作技能培训；

（2）能够提出安全生产建议并处理安全事故；

（3）能够提出灌浆工程安全文明施工措施；

（4）能够进行本工作的质量验收和检验评定；

（5）能够提出灌浆工程质量保证措施；

（6）能够处理施工中的质量问题并提出预防措施。

7. 技术创新

（1）能够推广应用灌浆工程新技术、新工艺、新材料和新设备；

（2）能够根据生产对本工种相关的工器具、施工工艺及管理手段进行优化与革新。

11.5　职业健康及安全防护要求

除了遵守施工现场一般安全防护要求之外，灌浆作业会涉及粉尘、用电、肌肤过敏等人身安全问题，因此，灌浆作业人员进入施工现场，应穿戴专业防护装备，如安全帽、护目镜、防尘口罩、安全手套、工作服、工装靴等。

参 考 文 献

［1］ 钱冠龙等. 钢筋套筒灌浆连接施工技术［M］. 北京：中国建筑工业出版社，2017.

［2］ 王发武等. 套筒灌浆工［M］. 郑州：黄河水利出版社，2019.

［3］ 上海市建设工程安全质量监督总站，上海市建设协会. 装配式混凝土建筑常见问题质量防治手册［M］. 北京：中国建筑工业出版社，2020.

［4］ 住房和城乡建设部住宅产业化促进中心. 大力推广装配式建筑必读——技术·标准·成本与效益［M］. 北京：中国建筑工业出版社，2016.